启真馆 出品

One,Two, Three: Absolutely Elementary Mathematics

123和＋－×÷的数学旅行：

25 段抽丝剥茧的数学探索

［美］大卫·伯林斯基 著　甘锡安 译

ZHEJIANG UNIVERSITY PRESS
浙江大学出版社

献给尼尔·柯佐迪（Neal Kozody）

目录

绪论

这本小书的主题是"超基础数学"(absolutely elementary mathematics，AEM)；也就是说，本书谈的是自然数、0、负数和分数。这不是一本教科书，不是专门论著，也非参考书。我希望以这本书作为我其他数学书籍的支柱。

数学家向来设想数学就像一个城市，城市天际线矗立着三座雄伟的高塔，如同一个强大智识文化各领域的掌管者——恰如我们现在的文化一样。这三座雄伟的建物分别致力于"几何"、"分析"和"代数"，探究的对象各是空间、时间及符号和结构。

这些建物就像巴比伦塔，散发出神圣的氛围。

它们所立足的共同基础一样很神圣，因为人类足迹杂沓而显得神圣。

这就是"超基础数学"的领域。

数学中有许多领域散发着迷人的光彩，这些领域都很奇特。基础数学一方面让我们想到寻常可见的日常事物，例如支付账单、标记生日、划分债务、切割面包和测量距离，都是些再实际不过的事。假设明天教科书都没了，书中的珍贵知识也随之消失，微积分大概要过几百年才会重新被发现，但我们的债务只要几天就会再度被提到，而用来表示债务的数字也会跟着出现。

研究经常会学到且有时会用到的基础数学，必须沉浸在混杂之中。耐心是必备条件，乐趣则不会那么快出现。小数点似乎会游走，负数变成正数，分数还会突然上下倒转过来。

$\frac{3}{4}$ 除以 $\frac{7}{8}$ 是多少？

电子计算机让几乎所有人都以漫不经心、无关紧要的态度处理这类问题。计算机计算得快速、正确又轻松，而且比百年前的人大费周章得出的答案更好。认为自己已经很熟悉基础数学（尽管是记得一半而忘了一半）的想法让人欣慰，准确得近乎过分的计算机也是如此。然而，记忆和科技的必然性却带来一个显而易见的问题：为什么要花力气去学我们已经知道，或者至少我们认为自己知道的事？

这个问题体现一种混淆的情况。基础数学的技巧是一回事，但**解释**基础数学完全是另一回事。每个人都知道如何将两个单纯的自然数相加，例如 2＋2。要说明加法的意义，以及证明它确实可行，是一件很困难的工作。数学能解释加法的意义，也能提出理由来证明它确实可行。因此而得出的理论必须兼具的精巧和细致，与所有伟大智识努力的特质完全相同。

原本情况很可能完全不是这么回事。尽管基础数学十分重要，却可能与它的理论不连贯，以致展开后就像一张地图，地图上的路不是毫无理由地分叉，就是通往绝望的一团乱中不知所终。不过，可以用来解释基础数学及证明相关技巧确实可行的理论，在智识上具有连贯性。它效用强大，十分合理，而且毫不违反直觉，因此适用于它的学科。如果说最简单的数学运算——还是加法——还有些我们不了解的东西，那只是因为在自然（或生命）中没有什么是如我们所希望的那样全然了解的。

尽管如此，得出的理论是十分根本的。不要怀疑这一点。初期教育的主要内容已经消失无踪。有一个观念仍然存在，因此这个观念成了主流：**超基础数学的计算和概念，受一个人的单一计数行为控制**。这个分析有一种经济效益，并且将经验化约为一些要点，引人注目的程度与在自然科学中所见的一切不相上下。

19 世纪末之前，没有人了解这一点；一个世纪之后，依然没有被**广泛**了解。学校教学没有太大帮助。德国数学家兰道（Edmund Landau）在其著作《分析之基础》（*Foundations of Analysis*）中写道："请忘记你在学校学过的东西，你根本没有学会。"

有时候，我会要求读者自己忘记某些东西。

现在必须透露一个秘密。它是所有撰写数学作品（或教数学）的人都很熟悉的秘密：没有人非常喜欢这门学科。这句话最好立刻说出来。数学就像国际象棋一样，拥有令人着迷的力量，但通常不容易让人爱上它。

为什么会这样——我的意思是，为什么大家不喜欢数学？

有两个显而易见的原因。数学让初学者感到陌生，这种陌生感与数学运用神秘艰涩符号的程度大致成正比。有一种关于数学符号使用的看法，也可以说是一种牢骚，就是当一件事需要耐心时，似乎很难从中获得乐趣。

为什么这么麻烦？

如果说数学的符号工具是使它难以广受喜爱的原因之一，论证（argument）就是另一个原因。数学攸关证明，否则什么都不是。但证明当然不会来得那么容易。即使是一个简单的数学论证，论述的详尽程度往往仍相当惊人；而更糟的是，一个证明的复杂结构与该证明意欲演示（demonstration）的简单明了之事，两者之间落差极大。0 与 1 之间没有自然数。谁会怀疑这件事？但你必须证明这一点，而且要一步步证明。这得用上一些很困难的观念。

为什么这么麻烦？

无可避免地，这个过程涉及棘手的交易。在数学中，有投入才会有收获，而收获绝不像投入那样如此显而易见。许多人不愿参与这样的交易。

真的，为什么这么麻烦？

这个问题并不可耻。它值得回答。

就数学的许多领域来说，答案是清楚明白的。几何研究的是空间，是点与点之间神秘难解的事物。对几何漠不关心，就是对物质世界漠不关心。这就是为什么高中生在学习欧几里得时，多半认为自己正被迫学习某种他们必须了解的东西，觉得不太情愿。

那么代数呢？代数符号有一种控制事物的不断变动的神奇力量，这种感觉向来能抵消这门学科（在高中）引起的反感。古代教科书的主要内容谈的是农民和肥料，但现代教科书的主要内容则是讲其中的能量和质量数字。爱因斯坦只需要高中代数就能建立他的狭义相对论，而且一定需要高中**代数**，否则他将无法建立这个理论。

数学分析以微积分的形式，受到欧洲数学家慎重关注。他们几乎立刻了解到，他们已经获赐最重要且在某些方面来说是最伟大的科学理论。怀疑分析的重要性，或者嘲弄它的主张，就是忽视人类所获取最丰富且最极度发展的知识体系。

是的，没错。这确实令人振奋，但"超基础数学"如何？不久之前，法国数学家孔涅（Alain Connes）发明**古数学**（archaic mathematics）一词，用以描述构想处于原始阶段且尚未区分为不同学科的领域。这个措辞很优雅，描述贴切。它显示出如果正确理解，基础数学绝对力量非凡的原因。它是基本的事物，而且就像语言一样，是一种人类本能的表示。

"超基础数学"**理论**是以现代词汇，描述某种想象深处的事物。这个理论数百年来的发展，象征自我意识的一种非凡运用。

这就是需要花费这么多心力的原因。透过数学家之眼来观看一个古老而熟悉的领域，我们能够获得力量，第一次透彻了解它。

它绝对不是不重要的东西。

2010 年于巴黎

1

一只羊、

两只羊、

三只羊。

成群的羊毛堆……

数

　　自然数 1、2、3……在我们的日常事务中扮演了双重角色。没有这些自然数，我们无法计数，也就无法回答"**有多少？**"这个问题。一个人如果无法说出他看到的是一只羊还是两只羊，表示他没办法**辨识**羊。他看到的只是一大堆在走动的羊毛。有了自然数，他就不会再"目中无羊"。12 世纪时，夏尔特的希瑞（Thierry of Chartres）曾说道："数的创造，**事物**的创造"。

　　计数让事物具备自己的身份（identity），同时赋予事物差异性。三只羊代表三个**事物**。自然数体现了区别性和独特性。毕竟，1 与 2 之间什么都没有，而不同的事物无论在各个方面有多么相似，彼此之间同样什么也没有。自然数之间的离散性就像我们皮肤的表层一样是绝对的，允许接触，无法相互混合。

　　当然，世界上有些东西是无法计数的，例如泥巴。"泥巴"一词似乎可以指涉在任何地方、以任何方式被发现的泥巴。但智性冲动让我们总希望可以计数所有东西，所以日常英文提供了用以计数的工具，甚至可以借由这些工具来计算泥巴数，例如**一点儿**泥巴、一**小坨**泥巴或一**堆**泥巴，因此可以说**一点儿、两小坨**或三堆。用来计算羊只的 **1、2、3**，也可以用以形容泥巴多寡。自然数让某个披着皮衣、双颊凹陷、嘴里两颗金牙的西班牙牧羊人，得以使他的羊群乃至他的生活井然有序。

这些牧羊人会说："**兄弟们，第一只是我的，第二只是你的，第三只是他的。**"

抄　　　写　　　技　　　艺

5000 多年前，沙漠太阳初升、万物未朽时，苏美尔人就教导他们的孩子"超基础数学"。苏美尔小孩学习基础概念；他们的老师则已掌握精髓。他们发现这不容易。苏美尔抄写员自小开始学习经年，以便把税收记录、商业交易、法律规范、房地产交易刻写在泥板上。他们对数学的娴熟运用是历史上留下最早的相关记录。

他们不会为自觉未达天职所苦。一位抄写员写道："抄写技艺是大师之父。"

他补充说，抄写员本身就能"撰写（铭刻）碑文；划分田地，结清账目"。

文本中有一处空白，使叙述中断。

接着是一个前后被隔开的短句，显示出这位抄写员的崇高智识：**……那座宫殿……**

接近公元前 2000 年时，苏美尔帝国逐渐没入沙漠沙土中，最终被时间击垮。我想随着世局或其他某种热烈的思潮，让中国人习得这种娴熟"超基础数学"的抄写运用，这种对象形文字的崭新运用让他们沉醉，之后巴比伦人也学会了，于是在古文明各地都可看到这种数学运用。

不同的社会各自以自己的方式，针对各自的目的，运用"超基础数学"。每个社会都遗漏了某些东西，而且没有一个社会，包括我们现在的社会，知道所有的一切。

局　　　　外　　　　人

1823 年，克罗内克（Leopold Kronecker）出生于东普鲁士小镇利格尼茨（Liegnitz）。1944 年底，利格尼茨遭苏联坦克占领，现更名为莱格尼察（Legnica），位于波兰境内。东普鲁士已不复存在。

你很难在照片上看清楚克罗内克的面容。刺眼的光线和延长曝光，使得脸部线条变得阴暗。刚毅的皱纹显示出他与谢尔曼将军（General William Tecumseh Sherman，美国南北战争北部联邦军将领）之间未被承认的血缘关系。两人都是高额，近乎平头的短发；眼窝深凹，眼神阴郁。从所有这些特征看来，克罗内克无疑是纯正的普鲁士人，低调自制，但他的鼻子却清楚明白地展现出超群不凡的一面，骄傲地在两颊之间挺立着，再弯向凹沟状的鼻尖。

　　我这样描述不是为了嘲笑别人的鼻子，毕竟我自己也有个让我原形毕露的鼻子，而是为了说明克罗内克有本事一方面表现得特立独行，同时又能与其他数学家融合。克罗内克是思想史上的"稀有动物"，一位**数学**怀疑论者，对于他无法完全理解的想法，不轻易表露支持的态度，而他很快就推断出他无法百分之百地理解大多数数学概念。纵然"阴郁的克罗内克"以表达不支持著称——**不支持**负数、**不支持**实数、**不支持**集合——他对自然数表达的**支持**却众所周知，对于这些历史悠久的思想和经验客体表达了坚定的支持，这项支持发展成包括运用自然数以有限的一连串步骤得出的任何数学建构。

　　表达无数**不支持**的克罗内克，与表达单一**支持**的克罗内克，两者合为独一人格：温文、顺从又自满。

　　克罗内克二十多岁时从商，在他舅舅位于东普鲁士的房地产公司担任主管。他在商业实务上极有天分，仅仅八年时间便成为富翁。之后他在柏林购置华宅，与舅舅的女儿普劳丝妮泽（Fanny Prausnitzer）结婚后，这座宅第成为文化和高尚生活的中心。

　　庞大的财富使克罗内克对欧洲顶尖数学家爱玩的大风吹游戏丝毫不感兴趣。一旦席位很少的教授职位有空缺，一堆人抢着要。音乐一停，他们就粗莽地争先恐后抢空位。无可避免地，大多数人以失望告终。像是鼎鼎大名的数学家康托尔（Georg Cantor）为了柏林的教授职位空等多年，最后仍无法如愿。

克罗内克先生对于成为教授先生兴趣缺缺。他不需要争抢教授的位置，更不需为了生活抢取位置。他真正想要的是在柏林大学讲课。他的论文致力于数论、椭圆函数和代数的研究，极为突出，却不具革命性。他在 1861 年获选进入柏林科学院，因而得以在柏林大学讲课。

虽然他并未努力力争上游，却已成为顶尖人物。一旦跻身名家，克罗内克便决心纠缠那些他不认同的人。他乐此不疲。

在 一 切 人 类 心 智 中

人类历史初始时，一位新石器时代的猎人在他的斧柄上凿了几道砍痕或刻痕。他在记录猎杀的野牛吗？我不知道。我宁愿这么想，身为**我的**祖先，他性好沉思默想，并将数字视为物自身（things in themselves），把那些烟熏野牛留给对手。

如果自然数在人类历史初始时便出现，那么它们也同时出现在一切人类心智中。否则我们就无法学习算术了。不同社会用最基本的经验事实使社会条理井然，但所采行的是完全不可共量（incommensurable）的方式，人类学家往往对这点感到惊奇。据说体验这一点是旅行的乐趣之一。尽管如此，我们所说的 1、2、3，拉丁文的 *unus*、*duo*、*tres*，以及阿卡德语（Akkadian）的 *dis*、 *min*、*es* 等，指的正是相同的数字。纵然羊眼在苏丹首都喀土穆（Khartoum）是佳肴，在纽约却非美食，但在这两个城市中三只羊眼无疑都比两只羊眼多一只。

因为自然数一体通用，所以极少让我们反思这些数。我们将自然数视为理所当然。没有自然数，我们会不知所措。

自然数就是自然数。

自然数是**什么**，完全是另一个问题。

英国逻辑学家和哲学家罗素（Bertrand Russell）强烈激昂地反对第一次世界大战，他利用作为拒服兵役者而遭监禁的机会，将他对数的本质的看法系统化。或许有人认为罗素是在苦行的情况下写作，但他在其著作《罗素自传》（*Autobiography*）中指出，除了没有自由之外，狱卒提供他一切便利。

罗素在狱中所写的《数学哲学导论》（*Introduction to Mathematical Philosophy*）是一部逻辑分析著作。这本书深深影响了数学家和哲学家，因为它以自然数**以外**的某种东西来说明自然数。罗素坚信这样的说明有其必要，因为数在本质上是"难以理解的"，而且虽然在最寻常的活动中都能察觉数的作用——要知道，数羊时就会用到数字——它们的作用仍远比它们如何发挥作用更容易确定。

首先，数字不是实体物件。它们根本不是物件。三只羊在牧草地上。除了羊之外，并没有三个数字在晃荡吃草。

然而，这里也没有实体物件的数字的性质。三只羊的只数是3，就像它们的颜色是白色一样。这个步骤方向正确。但要论证只数是3，就像要说颜色是白色一样，会引发使三只羊的只数成为3的性质究竟是什么的问题。我们知道使它们为白色的性质是什么：就是它们的颜色。如果说使它们的只数成为3的性质是它们的**数字**，似乎算不上有进展。如果我们知道数是什么，就可以知道它们共计三只是什么意思。

针对是什么使三只羊的只数是3这个问题，罗素认为，这三只羊与其他三个事物的集合相似，例如三胞胎、三巨头或三重奏。这一点显而易见。三只羊与三位牧羊人**是**一样的。它们都是三个。罗素接着证明，不需要借助数字3，就可以解释它们一样都是三个。这个步骤至关重要。如果每位牧羊人可以与一只且只与一只羊配对，反之亦然，则三只羊与三位牧羊人是一样的。不需要数字就能知道。每只羊都与一位牧羊人成对，且每一位牧羊人都与一只羊成对。

这项论证很巧妙，却也让人失望。为了便于解释类似的集合，数字3注定会消失，但究竟是什么让一个三只羊的集合成为只数3的羊的集合，而不是只数4？四位牧羊人与四只羊也可以组合对应，使得没有东西剩下来，没有羊也没有牧羊人被遗漏。显而易见的答案是，四只羊的集合比三只羊的集合大。

事实上，正好多一只羊。

妻　子　、　山　羊　、　数

　　自然数从 1 开始，逐次加 1，然后一直延续到无限大。了解自然数的这项特性是民族的遗赠。的确，人类学家指出，某些部落没有关于数的完整观念。他们的计数方式是 **1**、**2**、**很多**，提到任一大于 2 的数字时便愁眉地说那是很多。一位崇高的酋长可能会说有**一位酋长**、**两只山羊**、**很多妻子**。

　　我很怀疑这类叙述，因为我非常确定如果拐走酋长的一个妻子，一定会让酋长注意到他拥有的很多妻子**少了一个**。如果他能确定自己拥有的妻子比他所需要的**少一个**，他同样能确定自己拥有的妻子比他所想要的**多一个**。因此，迫于部落生活的急切需求，他可以累加细数自己持续不断的不满：**很多妻子**、**比很多多一个妻子**、**比很多多一个多一个妻子**，依此朝堂而皇之的家庭梦魇发展。

　　反言之，他可以累减至最少的数字 1，此时他可以让他爱争吵的妻子数与酋长数相当——两者都是 1。这样的数字系统确实很费力，但脑力劳动者往往不太关心现实考量。

上　帝　的　工　作

　　如果解释数是什么很困难，那么要说明如何运用数同样并非易事。计数数量不多的羊，最常见的方式是握拳再伸展手指，数一只羊就伸一根手指；我们数羊时都是这么做的。但用这种方式解释数羊有个缺点，就是尽管我们对数手指再熟悉不过，解释数手指并不比解释数羊更容易。我们应该借助一次数一只羊的方式来解释如何数三只羊吗，每次做一个具体动作来说明计数1，例如把那些羊一只一只从牧草地上移到牧场内？这种解释方式很吸引人。某件事正完成中，而当这件事已完成，某人就完成了某件事。但如果我们想了解数三只羊是什么意思，告诉我们必须先一次数一只羊，数三次，显然很难让我们更清楚了解这件事。适用于计数的解释也适用于排序，就像牧羊人用他们妙用无穷的手指解释第一只羊在第二只羊**之前**走进牧场，而第二只羊在第三只羊**之前**走进牧场。手指用力伸出：第一只、第二只、第三只。然而，如果羊以某种特定顺序行进，就很难说手指的排序可以与羊群中的排序**相同**。如果手指的排序与羊群中的排序不同，手指的作用是什么？如果两者排序相同，这个类比的作用又是什么？

在某个时间点，或许就是**现在**，可以合理地认为，没有数或运算，而以某种更基本的东西取代来进行分析，是不可能的。数就是最基本的东西。可以更清楚地了解数；可以更清楚地描述数；但数本身无法变得更清楚。

克罗内克评论道，自然数是上帝的礼物。其他一切都是人造的。这个想法很激进，一方面承认自然数无法解释，另一方面指出数学家固有的工作必须接受这份奇特的礼物，并且由这份礼物推导所有其他东西。

了解到我们在"超基础数学"中正在做的是上帝的工作，令人欣慰。

2

亨利有六个老婆，

　　但"Henry"这个英文字有五个字母。

数字与它们的名字是两个不同的概念。

　　如果无法区别两者，

　　　　就无法了解数字如何被命名，

　　　　也就不可能了解

位置记数法（positional notation）的

久远历史和
文明艺术。

优 势 地 位

即使对数学家来说，也不容易理解数字与它们的名字两者的区别，甚至我自己也很难总是清楚理解这两个不同的概念。罗马诗人贺拉斯（Horace）说过什么？他说即使荷马（Homer）也会打盹（贺拉斯对荷马诗作中偶见的不完善之处曾评论道，长篇力作偶打瞌睡情有可原，由此产生"even Homer nods"这句成语，意为"智者千虑，必有一失"。——编注者）。"Henry"有五个字母，重点是名字；亨利有六个老婆，重点是亨利这个人。逻辑学家和哲学家用引号标明亨利的名字，但在本书中用粗体字标示——**亨利** vs. 亨利，以及 **1** vs. 1。

区别名字与数字时往往容易犯错，对数学家来说也是如此。*因此，在一本名为《数学究竟是什么？》（*What Is Mathematics, Really?*）的引人入胜著作中，作者赫许（Reuben Hersh）借由命名数的公式来定义那些数之间的相等关系。赫许写道，"若在任一公式中，'一数'可以被'另一数'取代，且反之亦然"，则两

---

* 本书采取的规则如下：**明显**是指符号时用粗体字，**明显**是指命名或指涉的事物时用一般字体；若两者之间潜在的含义不明确，需视上下文消除歧义，仍用一般字体。这里必须先说明，如果读者期望表述方式完全一致可能会失望。除了专门著作，恐怕没有办法做到这一点。

数相等。[*]

　　这种说法并不正确；事实不是如此。公式是属于符号化的形式：就像纸上的记号、流动空气中的声音，甚至计算机程序中的行（line）。数字 4 无法取代任何公式中的任何东西。只有符号才能取代符号。

　　另一方面，早在公式存在之前，数字 4 就等于它自身；就此而言，在地球冷却或太阳系形成或宇宙从不存在到爆发而存在之前，数字 4 已经等于它自身。

　　数字不需要借助符号便拥有自己的身份。数就是数。它们一直是同一个样子。它们注定不会改变。但数字（numeral）（公式亦然）具有命名（name）的作用；它们可以指谓（denote）；它们可以指涉（designate）；它们是一组工具的一部分，我们用这些工具来建构符号的世界，用以表征（represent）事物的世界。符号如何指涉数字是神秘费解的，因为我们不了解名字如何指涉事物。《一千零一夜》的故事里，一位王子提供最好的解释——他说没有任何语言的字母"不受神灵、闪现的灵光或阿拉美德的化身所影响"。

---

[*]　自诩观察入微的保罗斯（John Paulos）在 2010 年 5 月 13 日出刊的《纽约书评》（*The New York Review of Books*）中写道："我每次看到写着'战争决不是答案'的保险杆贴纸都会心想，刚好相反，如果问题是'表示有组织的武装冲突的三字母单字是什么'，战争（war）无疑就是答案。"但当然，战争不是三字母的单字；它根本不是个单字。

统　整　符　号　之　人

用以命名自然数的记数法是印度—阿拉伯数字，公元 9 世纪初在数学家之间似乎已普遍采用这种数字系统。

与印度—阿拉伯数字传入西方关系最密切的人是穆罕默德·本·穆萨·花剌子密（Abu Ja'far Muhammad ibn Musa al-Khwarizmi）。他出生于约公元 8 世纪末，约 9 世纪中叶去世，是当时成就卓越的学者之一。他的传记记载并不完整，关于他的生平仍有许多待解之处。虽然他以阿拉伯文写作，但可能出生波斯；有些权威人士认为他是祆教徒。一枚印有他肖像的当代邮票，把他描画为带着头巾、长脸冷峻的人物，有着显得如数学般精确、大幅度弯曲的鹰勾鼻，还有一把卷曲的胡须绺绺垂下。另一枚邮票描绘的样貌截然不同，浑圆、愉悦又机敏。

花剌子密留给数学家的赠礼主要是他的代数专著《代数学》（*al-Kitab al-mukhtasar fi hisab al-Jabr wa-l-Muqabala*），而他最广为流传的则是论述印度位置记数法系统的篇章，因为他协调联结了印度与阿拉伯数学，是能够同时正视这两个面向、无可取代的人物之一。

我们现今使用的就是花剌子密的数字系统，而当他在公元 9 世纪初向同行和世界引介这个系统时，他告诉他们，这个系统体现了“最丰富、最快速的计算方法，最容易了解，而且最容易学习的计算方法"。他补充说，"在继承、遗产、划分和交易方面"，它极为有用。

在此向统整符号、不朽的花剌子密致上最高敬意。

位　　　　置　　　　记　　　　数　　　　法

阿拉伯数字由九个具美感的形貌组成，包括 **1**、**2**、**3**、**4**、**5**、**6**、**7**、**8**、**9**。从 1 到 9 的这些数字既基本又原始——因为我们需要某种用以开始的东西，所以它们是基本的；且因为这些符号无法再被分解成任何更简单的东西，所以它们是原始的。

现在还缺少的，就是可以运用这些符号来指谓超过 9 的数字的方法。当然，听任自行其是，九个数字大概只能命名九个数。

一位天赋异禀的巴格达商人可能曾用 **9+1** 来指涉数字十。下一个数可以用 **9+1+1** 来指涉。这种方式对商人的实务操作难有助益，因为仅仅一张 170 银币的账单就得写上好几页。

这个问题的解答是逐步地出现，数学中的解答往往以逐步出现的方式显现，先采取东拼西凑的策略，再设法仔细厘清。因此，商业上亟须数学符号的商人很久以前在表示货物或销售账款时，就写 **1 加 X** 来代表数字十，或简写为 **1X**，借由其中符号 1 不熟悉的新**位置**来指涉数字十，而其中 **X** 只做为占位符号，这个符号表示没有东西被加进十。

　　由此，同样的组合方式完全适用于接下来的数，数字十一表示为 **1X 加 1** 或 **11**。我希望有了这个概念之后，他可能曾发现某种深奥的东西，那位巴格达商人很可能已经满足地注意到可以写 **1X** 来代表十，或是写 **11** 来代表十一。他发现了位置记数法的关键，那扇大门敞开，容许商人和数学家两者进入。

　　在任一形式为 **ab** 的复合数字中，其中 **a** 和 **b** 代表从 1 到 9 的数字，位置是最重要且最关键的，表示把 **b** 加进 **a**，**同时 b** 标记以 1 为单位的事物而 **a** 标记以 10 为单位的事物。那位早已不在人世的商人所写的货物账单很可能如下：

Ψ

奉至能至高至慈的真主之名

　　　　　椰枣：　　17 枚银币

　　　　　油：　　　13 枚银币

　　　　　杏仁：　　1X 枚银币

　　　　　无花果：1X 枚银币

于是，位置记数法和这个妙用无穷的 X，在总数 5X 枚银币中再度派上用场。

占位符号 **X** 最终被符号 **0** 取代，使得 **5X** 逐渐形成其现代熟悉的形式，也就是数 **50**。

多年后，经过进一步发展，占位符号随之厘清，使得现今 0 本身便被视为一个数字的名字。这种演变有充分的理由。它源于最简化优化程序的需求。2 与 0 的和是 2。把 0 当做占位符号，由此作为一个符号，会使其身份产生矛盾。占位符号无法被**加**进一个数字中，正如马的名字不能参赛一样。

但是，**0** 从占位符号发展为一个现有数字的名字，本身并未依循严谨的逻辑方法，因为若 0 是一个名字，那么它所命名的东西是**什么**？由于实际上 2 加 0 仍是 2，所以答案显然是，它命名的是**无**（nothing）。

但若 0 命名的是"无"，则难以理解把 0 **加**进 2 的概念。没有办法把"无"**加**进任何东西。

另一方面，若 **0** 命名的是"某物"（something），则同样难以了解为什么 2 加某物应该**仍是** 2。强调 0 是表现得仿如它是"无"的独特"某物"，对了解 0 的概念也没有什么帮助。数学家通常欣然接受有时"某物"是"无"的论点，以解决这些难题，这种极为抽象的解释很难让人折服。

反言之，有时"无"是"某物"，当然也是人类最有用的说法之一。

在印度思想中，0 与 *shûnya* 有关，这个字表示空、不存在的东西、未成形的东西和未创造的东西。奇怪的是，0 似乎也向来与无限、毗湿奴神（Vishnu）的脚及水上航行有关。

19 世纪初，一些英国数学家仍然对 0 感到不安，并且厌恶负数。如果生在那个时代，我可能乐意接受同样的观点。现在接受可能还不算太晚。

3

喜欢追根究底并非物理学家独有的特性。

如果存在比数更根本的事物，

为何我们必须认为数是万物的最根本？

究竟为什么？

集　　合

集合论在19世纪末问世时，许多数学家相信他们已经发现一种可以用某种更根本的东西来取代自然数的系统，罗素便是其中一位。康托尔创造的集合论是19世纪数学界最非凡的一项成就，希尔伯特（David Hilbert）深受感动，甚至称它为乐园。（希尔伯特曾说："没有人能把我们从康托尔创造的乐园中赶出去。"——编者注）希尔伯特是伟大的数学家，也是慎思的德语散文作家，他的措辞十分精确地传达了赞扬与悔恨混杂的复杂感受。

集合是共同体家族的成员，其成员包括部队、部落、群体、合唱合奏，甚至狮群、兽群、乌合之众、群众、鹅群、鹅叫声。这些字说到底都是**集合**的同义词，或说它们之间的相关性建立于集合的概念；一群犹太教士是一个犹太教士的集合（set）或一个犹太教士的合集（collection），无论如何都比一堆犹太教士多。除了指出集合是实际的或潜在的思考客体之外，康托尔很明智地没有多言。

集合在本质上包含成员（member），也就是属于该集合的事物。成员属性（membership）是集合论的根本关系。属于或不属于集合，是最为基本的关系了。

集合的概念无疑有极高的自由度。这样的自由让甚至最简单的集合都迫切地企图繁殖。讨论这么多羊只问题后，现在必须把三只羊想象成一个集合论羊群，事实上数学家把这些羊的名字集结起来放在左右大括号中，用 {1 号羊，2 号羊，3 号羊 } 的符号来表示。

如果一开始有三只羊，也就是三个事物，那么现在有**四个**：那三只羊，**以及**集结那些羊的集合。那个集合同样是思考的客体。

若非如此，我们一直在思考的到底是**什么**？

宇宙中现在含括了集合 {{1 号羊，2 号羊，3 号羊 }}，这个集合唯一的成员是那个三只羊的集合；而相应地，这个三只羊集合的成员是那几只要命的羊。宇宙中有了**五个**客体，而不过片刻之前，那里只有少数几只羊。

这个程序可以无止境地继续下去。集合是漫无节制的；它们反复增加。也没有独有的数学程序在发挥作用。它几乎根本没有用到数学。诺贝尔文学奖得主奈保尔（V. S. Naipaul）在伊朗科姆市（Qom）向一群虔诚的听众演讲时谈道："信仰就像这样……"，然后因为找不到适当的词汇来描述虔诚者有多虔诚，他补充说"对信仰的信仰"，由此可以看出，就像借以形成集合的运算，信仰可以应用在本身，对信仰的信仰与信仰本身是有别的。

这些反复带着一点疯狂的性质，因为它们代表没有控制的标准。虔信者是否有对信仰的信仰之信仰？

正如《古兰经》第 23 章第 1 节一句让人捉摸不定的话："信士们确已成功了（Successful indeed are the believers）。"

独　　　一　　　无　　　二

　　羊的集合，成员是羊；相扑力士的集合，成员是相扑力士；而至于既是羊又是相扑力士的集合，没有成员。感谢上帝，这个集合是空集合（empty set）。但尽管是空集合，**它**并非"无"。

　　恰恰相反。集合是抽象的客体，成员属性锐减时仍能存在。一群羊可能一次少掉一只，最后羊和羊群都消失了。羊群不会比其中的羊更多。然而，羊的**集合**在没有羊时仍然存在，形成另一种没有成员的集合。

　　"没有成员"的集合系同类事物，如集合论本身所言："无"属于所有这类集合。若两个集合有相同的成员故而全等，则空集合都是相同的，因为没有任何空集合有任何成员。可以说没有比这更高的隶属度。没有更独一无二的团体。它遵循的规则是，只有一个空集合，而且就是**那个**空集合，数学家以 φ 来指涉，这个符号看起来很像茫然凝视的眼睛，里面没有成员。

　　利用空集合相当于 0 这个巧妙的思考，关于 0 的问题就会自行解决。"这就像没有宾客的派对一样。"一位学生曾说道。

　　事情就是这样。商人觉得满意，数学家也很满足，因为没有 0，没办法交易货物，当然也无法做数学运算。

　　若 0 相当于空集合，1 可被视为只包含空集合或说 {φ} 的集合。毕竟它有一个元素。同样地，2 等同于包含下面两者的集合，也就是空集合及包含空集合的集合，这形成两个元素：2={φ,{φ}}。其后的所有自然数都可以用一串**集合**而不是一串数字来构成，因此每一个自然数相当于一个特定的集合。

这说明了数能够与集合组成对，但这些集合几乎不可能比数更基本。要了解集合 {φ，{φ}} 含有两个成员，必须先计算成员数目。计算集合数目对自然数的依赖程度，与数羊不相上下。

悖　　　　　　　　　　　　　　　　　　　　　　论

康托尔仍在世时，逻辑学家已经证明，集合论确实存有矛盾。数学中最大的危机莫过于此。

在这些悖论中，罗素悖论（Russell's paradox）是最著名且最容易叙述的。有些集合是本身的成员，有些则非如此。所有集合的集合又是一个集合：那是一个思考的客体。但即使所有羊的**集合**是一个集合，它却不是羊。

罗素问道，**不是**本身的成员的所有集合所构成的集合是什么？

它是本身的成员吗？

若它不是则为是，且若它是则为不是。［罗素在 1901 年提出这项悖论，罗素悖论较通俗的比喻是理发师悖论（barber paradox）。一位小城的理发师说："我要为城里所有不为自己刮脸的人刮脸，而且只为那些不为自己刮脸的人刮脸。"问题是：理发师该为自己刮脸吗？如果他为自己刮脸，依他所言"只为那些不为自己刮脸的人刮脸"，他不应该为自己刮脸；如果他不为自己刮脸，同样依他所言"为城里所有不为自己刮脸的人刮脸"，他又应该为自己刮脸。于是这里出现矛盾。——编者注〕

这个结论可能不是每个人都欣然接受，更别说数学家不会很满意自己研究的学科的无矛盾性（consistency）受到挑战。

1908 年，策梅洛（Ernst Zermelo）提出一组集合论公理，并怀抱希望地表示只要遵循这些公理，所有问题都会迎刃而解。

时至今日，还没人真正知道是否真是如此。**证明仍不可得。**

而一切都关乎 0，也就是说，一切关乎"无"。

4

人类知识极不稳定。

我们彼此之间只是陌生人，

甚至我们也不认识自己。

当我告诉你说，

你根本不知道你以为自己知道的事情，

其实我的意思是，

你根本

就不知道。

确　　　　　　定　　　　　　性

数学家提出确定性（certainty）的概念，不关心绝对（absolute）。没有人在学到下面的描述时提出怀疑：若5大于4加0，则它也大于4。确定性的概念与人类生活相左，也与其他科学极不一致。

这里举个例子。公元2世纪，希腊数学家暨天文学家托勒密（Claude Ptolemy）建立了一个包罗万象的天文学理论。他将天体想成一个巨大的球，地球位于球的中心。托勒密的巨著题为《天文学大成》（*Almagest*），这个书名取自阿拉伯文和希腊文中表示"最伟大"之意的字。《天文学大成》试图以数学的方式来了解宇宙。这是历史上首次进行这样的尝试，因此正如书名所言，它是最伟大之作。尽管托勒密天文学往往被认为是错误的，托勒密和开普勒（Johannes Kepler）无疑是伟大天文学家中最杰出的两位。没有第三人能出其右。

在《天文学大成》卷一第二部分"论定理的顺序"（On the Order of the Theorems）中，托勒密描述了他的大志。这些定理重要且宏大。"在我们提出的论述中，"他写道，"首先要做的是了解地球作为一个整体与天体作为一个整体的关系。"其次要做的是描述"太阳与月球的运动"，第三则是说明星体。接着，托勒密总结他的结论。"天体领域（是）球形的，并且依照球形运动；作为一个整体来看，地球明显也是球形的；它的位置位于天体的中间，非常近似天体的中心；论及它的大小和距离，它在比例上就像对比恒星球体的一个点，而且它不会到处运动。”

"所有现象绝对与曾提出的任何替代观念相抵触。"托勒密严肃地补充道。

人　类　无　一　能　确　定

一千五百年间，《天文学大成》就像生铁一样坚实又难以撼动，它表述的理论借由一种精巧的本轮和均轮体系（epicycle and deferent system），绝佳地符合新的天文数据的需求，例如行星的逆行运动（retrograde motion）［指行星这种天体与系统内其他相似的天体在相反方向上运行；顺行运动（direct motion）则是在共同一致的方向上运行。——编者注］一直到 17 世纪晚期，哥白尼体系（Copernican system）的优点仍不明晰，而它的缺点却不容忽视。哥白尼派天文学家无法言之成理地解释，如果地球绕着太阳运动，为什么在地球表面上的人都未曾留意到。

然而，托勒密天文学后来很快就被扬弃，并且因为那些使它显得正确的各种技巧而饱受奚落。今日它成为可作为教训的实例，也是一种警示，下列事实最终反驳了这项理论：

——地球不是位于太阳系的中心。

——太阳不会移动。

——行星不会在天空中画圆。

——天体不是球形。

正如罗马诗人奥维德（Ovid）的评论，人类无一能确定。

奥 维 德 观 点 的 例 外

数学是这个让人伤感的评论最重要的例外；就这一点而言，托勒密是一人会众。一些影响深远的几何学定理来自托勒密体系的遗迹，就像藤蔓迫使自己钻过断垣残壁，迎向阳光。

设平面上有一圆，圆内接一个四边形。托勒密证明，这个圆内接四边形两组对边的乘积和等于两条对角线的乘积。这项成果今日称为托勒密定理。

研究天文学的人与研究数学的人差异悬殊。托勒密将功成名就的希望寄托于他的天体理论；至于他建立的数学，他将其视为工具。

功成名就之地一直在那里，但那不是托勒密曾想过要去寻觅的地方。

研究数学的人与研究科学的人之间的差异，究竟是什么因素造成的？

最普遍的看法是，证明在数学中是可能的，而在数学以外是不可能的。"当数学定律指涉到实体世界，它们就是不确定的；而当它们是确定的，它们便不指涉到实体世界，"爱因斯坦说道。对于这项观点，唯一可以说的就是它很怪异。我们以坦率无偏见的态度来领悟实体世界。我们借由自己的感官所理解到的事物，为什么竟会**不如**我们透过话语所描绘的事物那么确定，就像若 4 大于 3 且 3 大于 2，则 4 大于 2？似乎应该完全颠倒过来才对。

数学领域无疑是有证明存在的。证明是数学家研究数学时的表现形式。问题是，为什么**其他地方**都没有证明存在。

毕竟，证明是一种数学**论证**，所以是一个古老又熟悉的人类文类（genre）的一部分。负责研究这种文类的是逻辑学家，而不是数学家。机会千载难逢。无论如何，在数学以外，逻辑学家还有非常丰富重要的成果。由于逻辑学家的工作是将前提正确地传达为他们的结论，因此他的主题与任何让人类彼此反对或自我反对的活动有关：内部争端；财政争议；关于堕胎、家庭生活、公司组织、国际法、常规、烧国旗、顺势疗法、古代建筑、女权、交战守则、服装规定、智能设计、阴谋论、弗洛伊德心理学，或者其他任何可以看似合理地紧密联结为一个连续统一体（continuum）的事物，范围从"亲爱的，让我们别再吵了"到

"消灭所有残暴之人"。

　　然而，在提出、评量、欣然接受、递延、搁置或宣告无效的各式各样论证中，只有在数学领域，那些论证才会因为检视后获得赞同，而能够迫使人们服从。

　　没有哲学理论曾说明情况为何应该如此。这是数学的奥秘之一。

最　伟　大　的　逻　辑　学　家

　　亚里士多德是第一位、也是最伟大的逻辑学家，而哥德尔（Kurt Gödel）同被认为是伟大的逻辑学家[奥本海默（J. Robert Oppenheimer）是抱持这项看法的人之一]，因为他是**亚里士多德之后**最伟大的逻辑学家。事实上，亚里士多德的逻辑论著《工具论》（*Organon*）是他卓越非凡的全集中唯一确信源自他亲撰的作品。

　　18世纪英国哲学家里德（Thomas Reid）对亚里士多德的天赋才能作了敏锐的描述。里德提到，亚里士多德"有非常罕见的优势"。他出生于希腊"一个哲学精神兴盛已久的时代"，而且"二十年间，身为柏拉图最青睐的学者，以及亚历山大大帝的导师，两者都以友谊来荣耀他，并且提供他进行他的探究所需的一切事物"。里德继续说道，由于这些优势，"他孜孜不倦地研究，并且广博地阅读，让自己更为精进"。至于他的天赋才能，"对于一位支配人类最进步部分的见解近两千年的人，若未认可其非凡的贡献，将是对人类的不敬"。这段话既华美如礼赞，又得体如恭维。审慎的里德决心找出一些对亚里士多德的批评之词，也只能说他不过是凡人，里德认为因为"对声名的热爱似乎大于对真理的热情，而且相较于成为出色之人更希望被尊为哲学家巨擘"。

若　　如　　何　　，　　则　　如　　何

　　关于逻辑本身的基本洞见，亦即它的本质的关键，应归功于亚里士多德。这个洞见或关键有两个。论证之所以有效（valid）是因为它的形式（form），而非它的内容（content）；论证的有效性（validity）是有条件的（conditional），它是关乎问**若如何**（what if）并检视其后**则如何**（what then）。

　　下面是美国逻辑学家丘奇（Alonzo Church）提出的一个论证［收录于其专著《数理逻辑引论》（*Introduction to Mathematical Logic*）的绪论］：

前提一：兄弟有相同的姓氏。

前提二：理查德和斯坦利是兄弟。

前提三：斯坦利的姓氏是汤普森。

结论：　理查德的姓氏是汤普森。

而下面是丘奇接着提出的另一个截然不同的论证：

前提一：具正实比的复数有相同的幅值。

前提二：$i - \dfrac{\sqrt{3}}{3}$ 和 ω 是具正实比的复数。

前提三：ω 的幅值是 $\dfrac{2\pi}{3}$。

结论：　$i - \dfrac{\sqrt{3}}{3}$ 的幅值是 $\dfrac{2\pi}{3}$。

　　在这两个论证中，前提逐渐推进至结论。不过，运用一种名为复变分析（complex analysis）的数学分支来处理，第二个论证很可能用澳洲瓦勒皮里语（Warlpiri）来书写（瓦勒皮里语的语序完全自由，也就是主词、受词、动词的排列没有固定的顺序。——编者注）；它与汤普森兄弟或"超基础数学"无关［我记得有种冲锋枪就叫作汤普森冲锋枪（Thompson submachine gun）］。

　　虽然如此，这两个论证有相同的形式，而且第二个论证很难理解这件事，毫不减损其有效性。

　　于是有了亚里士多德的第二项洞见：有效性是有条件的，我们借由诉诸不是**为了论证之故**（for the sake of argument）的情况来认识这一点。有效的论证是指，**若**其前提为真，其结论也将为真；这时支配讨论的是一个反事实条件陈述（counterfactual）（**真是如此**）及一个模态祈使句（modal imperative）（**将是如此**）〔模态是指客观事物或人们认识的存在和发展的样式、趋势，包含必然性、可能性、不可能性、偶然性等概念；模态逻辑（modal logic）即研究含有模态词（"可能"、"或许"、"可以"、"一定"、"必然"等）的命题的逻辑特性和其推理关系。——编者注〕有效的论证完全不保证其前提是既存的真理。逻辑学家研究的是逻辑；他把真理留给他人。

下面仍是丘奇的第一个论证：

1

前提一：兄弟有相同的姓氏。

前提二：理查德和斯坦利是兄弟。

前提三：斯坦利的姓氏是汤普森。

结论：　理查德的姓氏是汤普森。

而下面是同一个论证，没有一层一层列出前提，一连串的**若**趋同为一与前述论证相同的则：

2

若所有兄弟都有相同的姓氏，且**若**理查德和斯坦利是兄弟，且**若**斯坦利的姓氏是汤普森，**则**理查德的姓氏是汤普森。

若论证 2 显然具有论证 1 当中的推论历程，且反之亦然，在数理逻辑中还是要作出情况必然如此的证明。这称为演绎定理（deduction theorem），它说的是我们料想得到的事：1 和 2 得出相同的结果。

演绎定理认可了显而易见的结果；但不应让这样的认可间接造成混淆。

演绎定理确认了，已知 1 则"必"为 2；但同样地，其结论"非必"为独立存在。

谁知道理查德和斯坦利是否**真的**是兄弟？而若没人知道，则谁知道理查德和斯坦利是否**真的**有相同的姓氏？

逻辑学家当然不知道。

支　　　　　　　　　　　　　　　　　　　　　　点

希罗多德（Herodotus）记述的历史中，最令人恐惧的莫过于吕底亚国王克罗伊斯（Lydian King Croesus）的故事。当时波斯势力凶恶，克罗伊斯为此惊惶不安，打算先发制人。集结兵力并确保同盟之前，他求教德尔斐的神谕（Oracle at Delphi），问他是否会赢得战役。

他得到如下应答：

> **若**你攻打波斯，**则**你将摧毁一个伟大的帝国。

神谕的许诺让克罗伊斯信心满满，出兵攻打波斯。他战败了，投降被俘。他摧毁的是自己的伟大帝国。

假言叙述（hypothetical statement）在"超基础数学"各领域都扮演至关重要的角色。而且不仅在整个"超基础数学"中如此，它们在法律、文学和生活中各个部分皆建立不可或缺的推理桥接（inferential bridge）：

> **若** A 和 B 同意 A 以周薪 100 美元担任 B 的秘书一年，**则**此契约称为可分割的。[《论契约》（*Contracts*），卡拉马利（Calamari）与裴瑞罗（Perillo）著]

> **若**你跟她在一起不快乐，**则**究竟为什么应该预期跟别人在一起会快乐？[《旧地重游》（*Brideshead Revisited*），沃（Evelyn Waugh）著]

4

若一个光子偶然顺利穿过这种滤镜，**则**它以完全相同的方位通过第二片滤镜的几率将是 100%。[《科学并未终结》（*What Remains to Be Discovered*），马杜克斯（John Maddox）著]

有些命题一次就阐明论据——**你的支票在邮件里**只向某人贪得无厌的债主们传达必要的信息，没有其他任何信息。这句话只包含一个单一命题，它非真即假。另一方面，假言命题（hypothetical proposition）分两次而非一次阐明论据，因为这些命题的真假取决于其词组（constituent）的真假，命运的锁链辗轧作响了两次。若你攻打波斯——这是一个命题；则你将摧毁一个帝国——这是另一个命题。

含有两个命题时，有四种可能的结合真或假的方式。两者皆为真；两者皆为假；或前项（antecedent）为真而后项（consequent）为假；或反之。让我们用 P 和 Q 代表任意命题，即：

若 P 则 Q

P 为真　真　Q 为真

P 为假　真　Q 为假

P 为真　**假**　Q 为假

P 为假　真　Q 为真

逻辑学家认为第三种可能性影响了这个假设整体为真的可能性；在其他每一种情况下，这个假言命题都被认为真。这非常合理。假言命题是一种传达。它们是**从**其前项**到**其后项。若出发方向正确（其前项为真），却没有到达正确的地方（其后项为假），表示它们没有到达要去的地方，因此必须舍弃。当然，这表示若其前项为假，假言叙述为真。这一点往往引起感到不满的窃窃低语。一个假言命题会**仅**因为其前项为假便为真吗？这看起来几乎不太可能。逻辑学家从未争论这一点，或许因为他们**能够**提出的唯一论证适切性不足。他们或许会说，若前项为假，假言命题视为**假**，会不会比较符合直觉？这似乎很难说是比较好的解释。

在现代逻辑学中，质词（particle）**若**和**则**名为命题联结词（propositional connective）或语句联结词（sentential connective）——称为**联结词**是因为它们的作用，称为**命题**则是因为它们联结的对象。在非假言的日常语言中，有许多这样的联结词。对逻辑分析而言，最重要的词是**非**［not，否定（negation）］、**且**［and，合取（conjunction）］、**或**［or，析取（disjunction）］。**虽然**（although）、**但**（but）、**正好就是**（just in case）、**当且仅当**（if and only if）这类联结词，是表达日常语言固有的丰富性的各种变体。

用以支配命题的逻辑不足以掌管数学当中的推论流程，或甚至在"超基础数学"中也是如此。为了简明地说明 0 与 1 之间没有自然数，需要一些对策来表示量化的细微差别。20 世纪的逻辑学家已经提供了那些对策，形式（form）恒久不变的奥秘依然存在。[①]若 0 与 1 之间没有自然数，总统与副总统之间也没有另一位民选官员——关于数的推论与关于政治人物的推论，两者往往取决于相似的命题。

但在数学中，它们带来确定性；而在政治中，它们不会。且两个例子之间都没有连续统一体。数学是一个独特的世界，它的证明以其语言和其物件提供了确定性。

---

① 参见第 8 章。

5

数学是冷酷的大师，

而逻辑更加冷酷。

这是普遍的认知，

不过也离事实不远。

冷　酷　的　大　师

1079 年，阿伯拉（Pierre Abélard）出生于现今的布列塔尼；而作为中世纪盛期（High Middle Ages，c. 1050—1300）最重要的逻辑学家，他正好处于逻辑史上两个重要时期的交接点——第一个时期在古希腊，第二个时期在 19 世纪和 20 世纪的欧洲。他出身于低阶贵族家庭，由于身为长子，他被期待成为军人，后来他写道，因为他比较喜欢"战利品争论的冲突"，所以拒绝了这个职业。其后，阿伯拉主要在经院哲学家罗塞林（Jean Roscelin）的带领下，接触 11 世纪哲学。完成学业之后，阿伯拉漫游卢瓦尔河流域，如他所言："只要听到有人对于辩证艺术有强烈兴趣，就会像一个真正的逍遥学派哲学家一样与人争论。"

"最后我到了巴黎。"阿伯拉写道。当时巴黎就像今日一样，散发着魅力且名气响亮，吸引吟游诗人和诗人、逻辑学家和哲学家、建筑师、工匠、石匠、金匠、夸夸其谈的高级教士、追逐大教堂合约的投资者，以及为数众多的娼妓、流浪汉、下层阶级、寄生虫、废人、轻罪犯、耍戏法者、巫师、占星家、低阶神职人员、浪荡贵族、异教徒，当然也少不了驼子。

将自己的流浪圈转移到流浪者的中心之后，阿伯拉立刻开始指责他的乡下老师罗塞林的看法。关于罗塞林宣扬的学说具体内容，目前所知不多。罗塞林被称为唯名论者，坚信文字，因此成为哲学上的极简派。柏拉图和其他许多人认为**红色的、良好的、勇敢的、忠诚的**和**多毛的**等词只是用来表示共相（universal）或柏拉图形式（Platonic form）时所使用的名称，罗塞林则停留在边缘，认为文字除了本身之外，不具有其他意义。他在 1092 年被宣告为异端，被放逐到英格兰。天主教会明智地公告，任何人只要有怀疑共相存在的倾向，就表示他怀疑三位一体。阿伯拉对罗塞林的批评跟着载送罗塞林的大艇或小艇，横越波涛汹涌的英吉利海峡。面对英格兰的海岸，他的愤慨也愈来愈强烈，阿伯拉的批评对他有如芒刺在背。

"如果你曾品尝到一点点基督宗教的甜美，"罗塞林后来写道，而接下来是教师常有的抱怨，也就是他们总是痛苦地发现学生不再在乎从他们的教诲中获得的"良多获益"。

当时还没有大学。没有学位。没有委员会。没有教授职位。没有终身职。学校是教师自己设立的。他们辛苦地爬上山坡，站在一排排学生面前，对着空气上课。阿伯拉认为同时代的人都是十足的笨蛋。"我开始认为自己是全世界唯一的哲学家，其他人都无可惧怕。"他写道。阿伯拉日后之所以能有如此高的名声，很大一部分得归功于刻意遇见的年纪较长、成就较高的哲学家尚波的威廉（William of Champeaux），如阿伯拉所言，他是"这个领域的最高宗师"。威廉是巴黎的副主教及圣母院修道院学校的校长，一个知名又令人震慑的重要人物，能够机敏地表达哲学态度，却丝毫无法以容易理解的方式来为自己的态度辩护，这种不值称羡的能力使他的声名大受影响。如果说罗塞林否定了共相的存在，威廉则是重新确认共相的存在。他缓缓而慎重地摇着光秃秃的脑袋，坚持**正义、人性、良善、洁白**和**美丽**就像苏格拉底或亚里士多德一样真实，**苏格拉底**是人这个命题指谓的是苏格拉底这个真实存在的个人，**并且**指涉他的人性。

讲堂后方爆出一阵紧张不安像是咳嗽的哼声。阿伯拉摇摇晃晃地站起来。他问道，**若**苏格拉底是人，**且**亚里士多德是人，**则**在两人上的人性**相同吗**？

威廉不太清楚该说什么，最后说道："在共相存在的世界里，整个物种（是）**在**其每一个个体上实质上都相同……"于是阿伯拉再度逼问可怜而困窘的威廉，他的教鞭正愤怒地挥着，从一件荒谬之事到另一件，最后断定，如果依照威廉的看法，苏格拉底跟一头驴子完全相同。"虽然他（威廉）刚开始很欢迎我，"阿伯拉写道，"但很快就非常讨厌我，因为我开始反驳他的某些论证，而且经常跟他唱反调。"

据同时代人所称，12 世纪初始 20 年间，阿伯拉的身影遍及巴黎各处，谈天、写作、演讲，而且通常伸出紧绷的食指，戳着许多退缩和挺起的胸膛，他的逻辑技巧已十分纯熟，似乎连他呼吸的空气，都能在不断划分下切成一片片。聆听阿伯拉演讲时，神学家拉昂的安瑟伦（Anselm of Laon）似乎也变得"疯狂妒忌"。

阿伯拉将这个情况归咎于各种可能的原因，除了他已经开始采取的行动之外。

废   墟

"自人类伊始，"阿伯拉在其自传《我的灾难人生》（*Historia Calamitatum*）中带点粗暴地提道，"女性（已）将最高贵之人带入废墟。"

"当时在巴黎，"阿伯拉写道，"有个年轻女孩叫爱洛伊丝（Héloïse）。"

爱洛伊丝生于 1100 年，成长在巴黎外围某个地方，并在阿让特伊（Argenteuil）的圣母修道院接受教育，从女孩隐没慢慢变为女子，阿伯拉也从毛躁的青少年变成男人。我想这是双双蛹化，完全符合亚里士多德对于偶然事件（chance event）的看法，就像那些获得自由的蝴蝶在飞行时相遇。我可能曾经透过窗户看见他俩。爱洛伊丝迅疾行经，轻快地朝某个方向前进；肤色黝黑、衣着宽大的阿伯拉，身上的黑色长衣拍动着，正缓缓地从另一头朝她走来。**她**轻快地走着，**他**突然站定，再次细看，这个男子的感官一瞬间被完全占据。他立刻"全身燃烧着对这个女孩的欲望"。爱洛伊丝和叔父福贝特教士（Canon Fulbert）同住在码头的一栋房子里。原始建筑大半已毁损，因为几支坚固耐久的中世纪木材而保存下来，但还有个标志足以记念这个许久以前发生在那里的浪漫非凡故事。透过一连串的追求行动，将阿伯拉从学院的逻辑学家变成身边的情人。"我有着年轻和俊秀的外表，还有他人给予我的名望。"他写道，还提到一些共同的朋友。他们注意到阿伯拉作为教师的卓越声名，以及他坚定的自制力。"我们合而为一。"阿伯拉写道，"先是在一栋屋子里，接着在心中，于是，我们以上课为托词，完全让自己放纵在爱情中。"

福贝特叔叔虽然从未以其智识著称，也必定在某个时点注意到有呻吟声和心烦意乱的咕哝声从上方的阁楼传来，阁楼里有着稻草栈板、被烟熏黑的墙，那些小小的窗户俯视着下方混浊的河流。但是他的理解能力显然比较差。阿伯拉满意地引用圣哲罗姆（Saint Jerome）的话写道："我们总是最后才知道自己家里的魔鬼。"但如果福贝特闻不到烟味，最后也会看到火光，正如阿伯拉不算含蓄却带着点顽固自尊的说法，主要因为他和爱洛伊丝"被当场抓到"。

"我俩都会毁灭。"根据阿伯拉引用的内容，爱洛伊丝明晰地说，"留给我们的只有和我们的爱同样深沉的痛苦。"

她说得没错。他们的热情使他们引火烧身。阿伯拉与爱洛伊丝分离又重聚。他们的故事和借口愈来愈精巧；而整个过程中，福贝特叔叔饱受事件烦扰，又无力控制他们，生气、震怒、受骗、欺瞒交织，最后愤怒难抑，找来一帮流氓采取行动，骇人地阉割了阿伯拉。其后，阿伯拉和爱洛伊丝都投身宗教生活。阿伯拉是因为无法构思另一项计划，爱洛伊丝则是因为阿伯拉而被迫如此。她进入修道院大半不是出于自愿，很清楚他们会让她在修道院终老，后来确实如此。

　　阿伯拉后来心灰意冷，就如他个性中的一部分。他在一连串长期争执中度过余生。爱洛伊丝不愿放弃这段为她带来光辉的爱情，她在给阿伯拉的信中加了每一位情人都知道的那句恳求："哦，想着我，勿忘我。"

　　而接着是："永远再见了！"

6

公理系统的概念是数学体系的核心，

如同哥德式大教堂代表了中世纪建筑风格。

数学家汲汲追求的是形式。

数 的 公 理

公元前 3 世纪，希腊几何学家欧几里得将平面几何的原理汇整成一套公理系统。他是第一位运用这些公理来思考的数学家。他的天赋才华促使他这样思考。一套公理系统中的公理是它的假定（assumption）。所有鸡蛋在同一个篮子里。以这些公理为出发点，根据逻辑定律得出定理，数学证明则是严格的照本宣科，仿佛在实际生活中，真正的鸡就是从真正的蛋推导而来。从公理到定理的过程中，数学家以推论步骤慢慢推进。至于鸡在做什么，只有上帝知道。

欧几里得的系统以五个公理为基础；他主张无须证据地接受这些公理。若有证据显示能由更基本的公理推导出公理，这个建议显然相当不错。

欧几里得漫不经心地谈到，若一套公理系统的公理不能由更基本的公理推导得出，就表示必须无须证据地接受这些公理。但情况其实并非如此，对欧几里得而言也不是这样。欧几里得表明，**他的**公理是**自明的**（self-evident）。自明的内容本身就是证据，欧几里得发现他有一项公理根本不是证据，即使对他自己而言也是如此，因而了解到这一点。

有两千多年的时间，几何学指的是欧氏几何，而欧氏几何就是欧几里得的《几何原本》（*Elements*）。该书是西方数学传统中最古老的完整文本。每个世代都会有一些学生对这门学问深深着迷。罗素在其著作《罗素自传》中回忆："我十一岁时开始学欧几里得，哥哥是我的老师。这是我一生中最重大的事件之一，就像初恋一样令人目眩神迷。我从没想过世界上竟有这么有趣的东西。"

一直到不久之前，欧氏几何都是人类的共同课程。普遍的看法是，几何技巧的训练有助于增进人的心理卫生。其他年轻律师在廉价旅馆房间里睡懒觉时，林肯借着烛光熬夜苦读，学习欧几里得的证明方法。法律让他拥有敏捷的理解力，欧几里得则让他的头脑更灵光。学生经常表示他们学习欧氏几何比较愉快，后来在生活中也确认钻研《几何原本》有许多优点，其中最重要的是思考能力。

最能传达欧几里得集中心智的方式的人，就是欧几里得本人。《几何原本》的命题 27 讨论直线和平行线。设"直线 EF 与 AB 及 CD 两直线相交，使 AEF 与 EFD 两错角相等"。

"因此，AB 平行于 CD。"欧几里得说道。

随后的证明就像泡在冷水里那样没有吸引力：

——设此命题为假。

——则错角彼此相等，但两直线非平行。

——这是不可能的。

读者必须理解，欧几里得借由**不可能**这个词，让他提出的命题避开矛盾；而读者也必须设法用心灵之眼洞悉欧几里得打算呈现的图像；读者还必须以合乎逻辑的方式，将欧几里得的命题 27 与欧几里得已经证明的 26 个命题整合起来。

读者必须做这件事，因为这位大师蒙混敷衍地进入命题 28，没有其他东西可以补充。

第 二 届 国 际 数 学 家 大 会

1900 年，欧洲数学家在巴黎举行第二届国际数学家大会（International Congress of Mathematicians）。第一届大会数年前在苏黎世召开。这些数学家在欧洲最美丽的城市举行会议，但会议是在 8 月召开，而每年夏天，巴黎都热得吓人。相较之下，这一届主办单位的表现似乎不如第一届大会，瑞士所展现的效率，尽管还历历在目，却难以复制。

罗素在《罗素自传》中形容这次大会是"我的智识生活的转折点，因为我在那里认识了皮亚诺［(Giuseppe) Peano］"。1858年，皮亚诺出生于意大利库尼奥省（Cuneo Province），家族是乡村农民，而且他是大会中唯一不是出身欧洲中上阶级的数学家。他和费米（Enrico Fermi）一样，凭借天分在意大利完成所有教育。这一点很不容易。皮亚诺的性格中最受罗素赞扬的部分，是各种特质的有趣组合。"在大会中讨论时，"罗素写道，"我注意到他总是比其他人更精确。"接着罗素加了一句评论，这句评论不仅强化他的观点，也减损他们的高贵。他表示，皮亚诺"总是能在争论中占上风"。

皮亚诺对常微分方程理论（theory of ordinary differential equations）有决定性的贡献。他是具影响力的知名学者，也是热情的怪人，致力于研究他发明的国际科学语言"拉丁国际语"（Latino sine flexione）。这种语言是一种混杂拉丁语，将字尾变化和屈折变化全部舍弃。这种方式完全不具拉丁语的优点，却也去除了它的缺点。19 世纪末是具有热忱的时代，许多科学家认为，只要能说服科学界采用一种共通的语言，一切问题都能解决。世界语（Esperanto）就是在这样的背景下产生的。[1887 年，波兰眼科医生柴门霍夫（Ludwik Łazarz Zamenhof）创立世界语，目标是作为普世的第二语言，用以促进世界和平及国际了解，定位是国际辅助语言，而非替代世界上现存的语言。——编者注] 我不知道有哪位重要科学家曾经花时间学过皮亚诺的拉丁国际语，而学过的人应该也从来没用过。世界语一直都是这样，没有改变，如果没有什么不得不然的理由，也不会有人想用这种语言。

皮　亚　诺　公　理

如果说欧几里得是第一位运用公理来思考的数学家，那么直到 19 世纪为止，他也是最后一位。两千多年间，没有数学家想过将数带入公理系统的范畴。

1889 年，皮亚诺在一本题为《算术原理：用一种新方法的说明》（*Arithmetices Principia, Nova Methodo Exposita*）的小书（大小与小册子相仿）中，发表了一组自然数的公理。他为什么抛弃自己发展的拉丁国际语，选择以完整保留字尾变化和词形变化的古典拉丁文发表具有基础重要性的作品，我并不清楚。皮亚诺提出的构想卓越非凡，但那些构想并非他的原创，德国数学家戴德金（Richard Dedekind）在大约同一时间已经提出十分类似的想法。

皮亚诺公理（Peano's Axiom）共有五个，正如欧氏几何有五个公理一样：

1. 0 是一个自然数。
2. 任一自然数的后继数（successor）仍是一个自然数。
3. 0 不是任一自然数的后继数。
4. 若两数的后继数相同，则两数相等。
5. 若任一由数构成的集合包含 0，且**若**当此集合包含某

一数，它也一定包含该数的后继数，则此集合包含所
有自然数。

在这些公理中，第一、第二和第三公理不会造成争议。它们
的意义即使不算显而易见，至少清晰明白。

第一公理的用意是防范智识上的轻佻。说不定世界上根本**没
有**自然数？这个公理一开始就否定这一点。自然数没有任何空缺。
至少有一个自然数。这是真的，没有一个人曾经设想过相反的状
况，而且连**想象**世界上没有数（因此也没有区别），都是极为困难
的事。如果**它**本身象征某物，那么**它**是什么样子，而与其他事物
对照的**某一物**又是什么样子？

数学家会说：不怕一万，只怕万一，小心为上。

皮亚诺第二公理为**任一自然数的后继数**这个表述引入了一个
未定义项（undefined term）。虽然这个项未定义，其意义却显而
易见。3 是 2 的后继数，因为 3 在 2 的后面。它**紧接其后**。**紧接
其后**这个表述并没有比**后继**这个表述容易了解，不过它传达出
的唐突的印象——**等一下，他拿到之后，你"紧接着"就能拿到
了**——或许大家比较熟悉。

第三公理确立自然数有起始。有一个数不是紧接在另一数之
后，也不是紧接在任一事物之后。**从什么开始？**这个问题没办法
回答，这代表了自然数就像大爆炸（Big Bang）一样，某个没有

明显前身的复杂结构突然出现。

皮亚诺第四公理说明了后继的概念，同时说明自然数的身份。假设这个公理被废除或忽略，那么一个数可能就是本身的后继数。皮亚诺第四公理排除了这种情况。

皮亚诺第五公理与其他几个公理不同。它一方面提出一个宣称：符合两个条件的一个数的集合包含**所有**的数。这两个条件是什么？0是此集合的一个成员；且若任一给定数在此集合中，它的后继数也在此集合中。

另一方面，说也奇怪，皮亚诺第五公理有点像是制裁某种行为或创造权利的法律文件。它**具体说明**你在哪些**条件**下可以**推断出**关于所有自然数的某个结论。若不符合那些条件，则你完全**不能作出任何结论**，而且最好立刻闭嘴。

皮亚诺第五公理将令人烦恼、具暗示性，却往往非常隐晦的概念结果，引进数学当中，以一种意想不到的方式，由原本关于自然数的讨论导出推论的规则。仿佛数学家拿着高帽子模仿律师，他们忙着研究案例，并由案例归纳出通则。

豹

皮亚诺于1932年4月20日去世，为他作传的美国作家肯尼迪（Hubert Kennedy）说道："他活得太久。"这些字眼非常可怕，因为它们代表一种指责，虽然这种指责经常用来批评别人，却几乎没有人用在自己身上。19 世纪结束之前，皮亚诺对逻辑学和算术已贡献卓著，也获得了回报。他认识当时一些顶尖的数学家，罗素对他敬仰不已。

　　在此之后，他开始出现某种类似无法全神贯注的微妙状况。我猜想这种状况的客观对应物（objective correlative）是，让他困扰的声音沙哑情况愈来愈严重，严重到很难让对方听见他的声音，对方要听清楚他讲的话也很吃力。19 世纪 90 年代初的某个时间，他想到一个伟大的数学计划。"搜集与特定数学领域有关的所有已知命题，并将这些命题出版，应该会很有用。"他写道。在算术方面，他提议出版他自己设计的关于逻辑标记法的命题。他的目标似乎是将数学缩减成一份相当可观的清单，在这份清单中，每个项目在逻辑上都与前一个项目有关。理论上，只要能理解这些逻辑标记法，就能看懂这份清单［或称"公式汇编"（formulario）］。［皮亚诺著书《数学公式汇编》（*Formulario Mathematico*）共有五卷，1895 年至 1908 年间出版，第一部完整使用形式化语言书写的数学书籍。——编者注］

　　"公式汇编"所做的可以说是一种自我欺骗，除了最忠实的皮亚诺信徒之外，引不起任何人的兴趣，这些人因为某些原因，相信热忱对他们最有利。1900 年之前，"公式汇编"是皮亚诺好奇心的产物；而之后，它成为他的热情所在。皮亚诺以他的拉丁国际语系统发表最后一个版本的"公式汇编"，因而一举将他的构想深植在两种难以理解的象征符号中。让都灵大学其他教职员大感惊愕的是，他坚持以"公式汇编"的形式授课。他的学生当然抱怨说，他们完全听不懂这位声音沙哑又容易激动的老先生在讲些什么。

　　而从此之后，他的人生变成一场漫长的等待。过往种种重新占据了他的心思。他愈来愈喜欢回到位于皮耶蒙泰瑟（Piemontese）乡间的家族农场。他的衣着简朴。用餐时，他吃着小时候吃的东西。他没有抛弃身为杰出欧洲数学家所拥有的知识，但已不再重视那些知识。时间就这样流逝。

　　在兰佩杜萨（Lampedusa）为他的想象的祖先萨里纳亲王法布里奇欧（Don Fabrizio, the Prince of Salina）所写的挽歌《豹》（Il Gattopardo）的结语中，在闷热的旅馆房间里，死亡终于盘踞了亲王。一位风琴演奏者在楼下的街上缓缓奏出旋律。兰佩杜萨写道，亲王正"编写他整个人生的资产负债表，试着在庞大的债务中找出快乐时光的少许珍贵片段"。这时还称得上珍贵的东西，只有他对侄儿谭克雷第（Tancredi）深深的关爱，以及关于他的狗、他的老家唐纳富加塔庄园（Donnafugata）的记忆。"为什么不？"他问道，"很多人非常兴奋能获得索邦大学的奖章。"在逐渐深沉的黑暗中，他试着计算自己真正活了多少时间。他的脑子连简单的计算都做不出来了：3 个月，3 周，共 6 个月，6 乘 8，84，48,000，840,000 开根号……而接着一切都消失了。

"豹子"法布里奇欧 73 岁过世，皮亚诺也是。

7

皮亚诺公理是极大的成就，

因为它们将自然数纳入公理系统；

而它们的蕴含（implication）也很深远。

因为它们赋予了后继这个概念重要性。

后　　　　　　　　　　　　　　　　　　　　继

　　1888年，德国数学家戴德金发表一篇题为 "*Was sind und was sollen die Zahlen?*" 的短篇专论。这个标题通常译为 "数的性质与意义"，不过这个德文标题具有规范性意蕴——数**应该**是什么，以及**我们**应该如何看待**它们**？——而这些在英文标题中付之阙如。

　　对戴德金而言，他非常清楚**他**对于数的看法：

　　　　我将算术全体视为最简单的算术行为和计数的必然（或至少可说自然）结果，而计数本身不过是不断创造正整数的无穷级数，其中每一个整数是由前一个整数来定义；这种最简单的行为是从一个已经形成的整数推进到连续的新形成的整数。这一连串的数为人类心智提供了一种极为有用的工具；加入四种基本算术运算之后，它便形成无穷无尽的重要定律。

　　这些冗长的句子显示一个强而有力的心智带着充沛的能量稳步向前推进；但**行为**、**创造**、**无穷**、**无穷无尽**和**出自**等词汇透露出某种更古怪的信息，甚至比一位质朴德国教师原本审慎的思虑更狂热。那是一个体系、一个愿景，是某种原始、强而有力且意想不到的东西。

戴德金的中心思想是计数。它是一种纯粹的心智活动，由心智**进行**或由人类**执行**；计数继而形成自然数的"不断创造"。对于那些提议以其他方式解释计数的人，戴德金完全不支持。**计数是原始的**。它就是这个样子，不是其他东西；它也没办法进一步分析。

戴德金不仅接受计数的原始面貌，也接受 0 是初始数和开始，它不仅严格、根深蒂固，而且不容置疑。0 的功能与比利时的勒梅特神父（Father Georges Lemaître）首次构思宇宙起源于大爆炸的假说时，所想到的宇宙蛋（cosmic egg）非常类似。

自然数的创造由 0 的后继行为作为起始：

从 0 到 1

从 1 到 2

从 2 到 3

从 3 到 4……

这个结果是逐步地出现，很像一座高塔在原本根本不会有塔的地方慢慢盖起来。

它的影响神秘难解，因为数令人惊奇地变化多端，性质迥异，不受拘束，偶数与奇数相对，完全数与不完全数相对，平方数，盈数（abundant number，亦称过剩数），亏数（deficient number，亦称缺数），梅森质数（Mersenne prime），质数与其他所有的数相对，小的数，还有那些大的数。**从来**没有任何有形的高塔以这种方式盖起。*

包含在这个概念中的化约经验，远比物理学中基本粒子的类似概念更根本。

从 0 开 始， 每 次 加 1

后继的概念提供了一种非常简单的自然数表征（representation）。对任一数 x，x 的后继数以 **S(x)** 来指涉，因此 S(0) 是 1，S(1) 是 2，S(2) 是 3。

我们不需要全部用手写出来。后继本身可以借由迭代缩短，以 **SS(0)** 指涉 0 的后继数的后继数。

或以箭头表示：

$$0 \rightarrow S(0) \rightarrow SS(0) \rightarrow SSS(0) \rightarrow SSSS(0) \rightarrow$$

---

* 这些区别属于数论的动物学。偶数是可被 2 整除的数，奇数不可被 2 整除。质数只能被本身和 1 整除。完全数等于其所有因子之和。因此，6 是完全数，因为 6 等于 3+2+1。平方数是可用另一个数的平方来表示的数。例如，25 是 5 的平方。还有呢？一个数若小于其所有因子（包含该数本身）之和的一半，称为盈数。例如，12 小于 12+6+4+3+2+1 的一半。反之，就是亏数。梅森数是比 2 的某次方少 1 的数。7 是 2 的 3 次方减 1，所以是梅森数。梅森质数则为质数的梅森数。

尽管后继无法定义，但或许可以用一种比较常见的运算来取代。一给定数的后继数是该数加 1。后继的含意正是如此，强调加 1 是用以强化其步骤化的本质。

从 0 开始。每次加 1，如此持续下去。

则得到

$$0 \to (0+1) \to (0+1)+1 \to \big[(0+1)+1\big]+1 \to \ldots$$

S(0) 其实就等于 1，而 0 → S(0) 等于 0 → 1，而 0 → 1 等于——**不对**？——0 → 0+1。

我们很容易接受自然数是借由**加 1** 产生的。下一个数是多少？是该数加 1。再下一个数是下一个数加 1。

大家都是这么说的。

我也这么觉得。

然而，以这样的方式提到加法，似乎是说一个本来应该放在前门的概念，由于某种不适当的策略而改放在后门。

加 1 是**增加**某物（something），而皮亚诺公理中并没有定义增加**任一物**（anything）的概念，甚至未曾提及。

虽然经常有人提出这样的反对意见，但都没有持续很久。最后无疾而终。"加 1"实际上不是新的概念，而是新的惯例。我们不写 S(0)，而写 0+1。3,642 正是 3,641+1，也就是 3,641 的后继数，或写成 S(3,641)。这当中没有新的推进方式，只有向来的旧的推进方式。

但即使加 1 并没有为皮亚诺公理增添内容，它也的确为这些公理的特性，亦即它们体现见解的方式，增加了某物。它显露出一种意料之外的对称，在这样的对称中，**加 1 与从 0 开始**两种概念完美配合。

17 世纪时，莱布尼兹（Gottfried Leibniz）推测，0 和 1 是创造本身的检验标准。宇宙——对，就是那个**宇宙**——源自这两个数之间的冲突，0 代表无（nothingness），1 代表有（being）。

迟　　来　　的　　死　　讯

戴德金漫长的数学家生涯开始于 1854 年。这一年，伟大的高斯（Carl Friedrich Gauss）通过他的论文，这位孤高又难以亲近的老人只表示他觉得戴德金的研究"令人满意"。戴德金的数学家生涯结束于 1916 年。这一年，戴德金的死讯令数学界大感震惊，因为大家都以为他早已去世。1831 年，戴德金出生于德国布伦瑞克（Braunschweig），就像 19 世纪中叶其他几位德国数学家一样，他早年接受的教养体现出新教徒文化虔诚、好学和爱国的积极面向。

　　戴德金的早年教育似乎不具有任何足以塑造出数学性格的因素。布伦瑞克不是数学文化中心，戴德金在凯洛琳学院（Collegium Carolinum）接受的教育不仅单纯，而且属于那个时代和那个地区。

　　没有多少人认为他才华惊人。戴德金绕了一圈才踏入数学界。他原本对物理和化学感兴趣，后来发现这些学科与自己的性向不合。化学家可能无法非常清楚明晰地说明自己的工作，而且从实验室出来时身上往往带着怪味，手上还被各种酸碱灼伤。他们是一群严厉、天资聪颖，却很实际的人。另一方面，19 世纪的杰出物理学家则是空想家，他们在古典物理学中创造出仿佛前所未见的学科。在 20 世纪相对论和量子力学粉碎这个思想权威时，泡利（Wolfgang Pauli）可能会回顾从前，以曾经目睹过光彩消逝的双眼，再次认识它的力量。但在看待纯粹数学的态度上，19 世纪物理学家和化学家一样实际。他们怀有达成目标的远大抱负，如何达成目标却非他们最迫切的考量。

　　由于个性太吹毛求疵，戴德金离开了物理学界。

　　如果说他的人生在成为数学家之前平淡无奇，那么他成为数学家之后也同样平淡。他从来不卖弄智慧，也很少沉迷其中。戴德金交了几个亲近的数学家朋友，特别是狄利克雷（Peter Dirichlet）；他投身研究工作，有一段时间任教于苏黎世理工学院（Zurich Polytechnic）。他的看法注定与克罗内克冲突，因为戴德金性格宽厚，随时准备好跟随那些疯狂的人深入穷山恶水之中，但克罗内克不是这样的人。他和康托尔是朋友，也很推崇他的研究，不过奇怪的是，尽管克罗内克尽其所能地暗中破坏康托尔，妨碍他发展他的理论，却少有资料显示他曾经被戴德金激怒而采取任何政治手段报复。我猜想原因之一是，戴德金看起来总是泰然自若，而且在天性和环境熏陶下显得沉着平和。

打　倒　欧　几　里　得

"自然数是由计数行为产生的"这个概念，现在已深植于一般大众的意识中。

这个深植人心的想法使得人们得以用一种具说服力且自然的方式，描述"超基础数学"的应用。人类由计数开始学会计算事物，牧羊人的一只**羊**、两只**羊**、三只**羊**，败坏了数学家原始的关于**1**、**2**、**3**的见解。

计数当然不是只有数羊。我们现在也把距离当做衍生的数。莫斯科距离布拉格**1,600**公里。一位网球选手再得**3**分就获胜。而这位可怜的受害者**几分钟**后就要死了。真可惜她紧紧抓着的是钱包，不是生命。数值度量出现在实体事物**之前**。再得**3**分就可获胜是指在网球规则上的**3**分，但**3**分是指前面的级数**1**，**2**，**3**。

尽管现在看来自然寻常，但这种看法在漫长的数学史上亦属新颖。假如戴德金出现在古希腊几何学家当中，身上套着皱巴巴的宽外袍，他们应该会带着严厉、令人泄气的怀疑态度听他讲完，觉得他在走回头路。从**他们**的观点看来，计数是次要活动，**距离**才是基础概念。

这当中包含了一种旧式经验。这种经验比欧几里得更久远，深植在事物移动和时间流逝的双重观察结果当中。事物本质上会移动，因此创造出空间范围；时间在意识中流逝，因此形成时间范围。为了区分知觉客体——**这里和那里**、**这时和那时**——我们脑中会存在某种可强化两者区别的东西，来区隔它们。假设没有这种东西，点会完全崩溃，我们也会回到所有事物一片混沌、时间或空间没有差别的恐怖地方。

这些是希腊几何学家仔细推敲所得的概念。他们提出，一个移动的点（point）划过的地方决定平面上的一条线（line）；一条移动的线扫过的范围决定一个面（surface）；而一个移动的平面含括的空间决定一个体积（volume）。在希腊几何学中，**点**是一个实体（entity）——毕竟**它**是存在的——不过**不具**空间范围。欧几里得在他的定义中强调，点是"没有部分的"。点没有部分，代表它也没有范围。毕竟，把一个点分成两个部分，就是范围中的两个部分，长度、面积或体积中的两个范围，但无论是哪种情况，都会变成**两个**。

在《几何原本》的卷五和卷九中，欧几里得转而探讨算术及数的求导。

在欧几里得的系统中，**这里和那里、这时和那时**都次于"逐渐增加的距离"这个概念。从原本所在的位置开始移动后，一个点决定出一条线段。点渐进向前形成线段，这种欧几里得的描述与"超基础数学"中透过计数产生数的方式类似。欧几里得因而为线**段**赋予数本身的一些性质。其结果就是一种系出同源的算术，这种算术在基因上类似真正的算术，两者却不熟悉。因此，《几何原本》卷七在一开始便确认"'单位'就是所谓的1，每一个存在的事物都是凭借它而存在"。欧几里得继续解释："一个数是由许多单位合成的。"其要旨是任意选择一给定线段，线段无法与单位比较，也无法互相比较。

这种思考和观察方式与"超基础数学"性质不同，因为"超基础数学"是以原始的计数行为出发，因此也是从第一个数出发。它跟点、线、体积或它们构成的任何东西无关。它对几何和其本身的东西都漠不关心。每一位研究"超基础数学"的数学家都说，就概念的纯粹程度而言，它超越了几何学。

法国数学家迪厄多内（Jean Dieudonné）极力主张："消灭三角形。"

"打倒欧几里得！"

8

加法是"超基础数学"的四种运算之一。

其他运算包括乘法、减法和除法。

每一种运算都是用两个数产生第三个数。

有2，还有3——这是两个数，

然后有2+3，

于是有了第三个数——

5。

加　　　　　　　　　　　　　　　　　法

　　虽然加法是将数放入其他数，但实质上不可能如字面所言这么做。数不可能被放入任何地方。数也不会产生任何东西，因为它不会生产，也不会抗拒。即使是像 2 加 3 变成 5 这么简单的陈述，其实其中都运用了隐喻手法。如果变成、放入和产生这些词无可避免地让我们联想到纯粹是人类在进行这些动作，那么"运算"这个词则显示出人们急于进入抽象概念的迫切性，完全与写实对立，这也反映了数学家对实体动作没有任何信心。但即使去除了加法运算与实体动作之间的关联，加法的概念仍保留了某些自古留存至今的实体记忆。

　　商人和数学家很早就思考过该如何指涉 2 与 3 的和，方法是在这两个数字之间放入一个求和记号：**2＋3**。这个"＋"号有个非常重要的优点，就是它伸展热情的双臂，展现了它所指谓的意义，也就是把数结合起来。十字记号在数学和在基督教中都具有特殊意义。2＋3 这些符号也可以写成 ＋(2, 3)；而如果以这种方式书写，则可写成 $f(2, 3)$。这和数学的函数记号相同，f 这个符号指谓函数（function），也就是一种对应或运算。若 **2＋3＝5** 代表 2 加 3 等于 5，则 $f(2, 3)＝5$ 也代表同样的意思。这个函数以两个数产生第三个数；前两个数是自变数，第三个数是它的值，而函数是使自变数产生值的工具。

　　函数记号虽然不算常见，但比传统记号多了两个优点。数学中有大量函数，如果要为每一个函数设计新的符号会十分麻烦。现在称为加法、当时称为乘法的多用途符号 f，简洁、优雅又便于使用。如果必须区别不同的函数，总还有 g 和 h 等新符号可用。

　　数学家将 **2+3＝5** 符号化，写成 $f(2, 3)＝5$，创造出视觉化的画面，这个画面是借由不同的符号所组成的一组符号来表现，这也反映出我们迫切需要能够凸显**所有**数学运算的行动。即使在数学中，有些东西仍然必须依赖他人已有的成果。举例来说，数就没办法自己相加。

　　"超基础数学"的运算自然而然地分成好几组。加法和乘法类似，因为除了乘 0 或加 0 的例外情况，加法和乘法都必然使结果变大。3 与 5 的和大于 3 与 5 本身，两者的积也是如此。加法和乘法还有一种奇特的情感吸引力。除了明显的例外情况，加法和乘法这两种运算往往带有正面的意涵。**多多益善**和**生养众多**都表达了人类想远离匮乏的本能。

　　另一方面，加法也自然而然地与减法有关，因为减法就是逆向的加法。若 5 加 3 是 8，则 8 减 3 是 5。这当中包含一种对称感。我想，如果一个文化能将 5 块砖（或是贝壳、小石头、山羊）加到 3 块砖上面，得出总和是 8 块，那么这个文化应该不会不懂，既然可以把砖加在砖上，也可以把砖从砖上拿下来。

　　基于相同的理由，乘法与除法也有密切关联。5 乘 3 是 15，

15 除以 5 是 3。

在自然数的情况下，加法与减法以及乘法与除法之间的选择性关联则是极度不稳定。毕竟由 6 减去 10 的结果是什么都没有，3 除以 2 的结果也一样。假使如同前面提过的，"逆向的减法"与"正向的加法"对称相关，那么由 3 减去 5，这时候的"逆向"为何会离奇地消失，但由 5 减去 3 就不会？

到了基础数学，减法和除法恢复对称性，这两种运算**才算**完备。这里需要分数和负数形式的新的数。虽然这些新的数能恢复"超基础数学"的对称性，但同样也会减损其纯粹性。因为负数和分数都不能算是来自上帝的礼物。

精通"超基础数学"的运算是我们小时候的功课之一。我们教小孩用死记硬背的方式做简单的求和；他们被训练成要做复杂的求和时，把它们化约成做简单的求和来计算。无论是简单或复杂的求和，我们在教小孩时都不曾说明加法运算真正的意义。

直到 19 世纪末，数学家都没有多高明。高斯、伽罗瓦（Évariste Galois）或阿贝尔（Niels Abel）这些天才人物都没能提出加法的定义，因为他们都不认为有此必要。当数学家确实提出定义后，又不认为他们提出的定义需要验证；而大约 50 年后，数学家真的提出了适当的验证，人类心智所做的最简单、最明白的运算之一——将两个数加在一起——在概念上的丰富性总算获得一定程度的证实。但无论数学家**或**商人都不曾想过，加法竟然拥有这样的丰富性。

戴德金的著作传达了这件事蕴含的戏剧性。在关于数学的回忆录文学中，这部著作少见地传达了自负和自觉。这本书是一位泰然自若、对读者态度良善的作者的心声。

而且该书易于亲近。戴德金流畅地写道，他的构想"只要具备通常所谓足够的常识都能理解；不需要一丁点科技、哲学或数学知识"。

然而，戴德金对自己提出的构想倒是挣扎许久，他知道那些构想富原创性又不易捉摸，所以很难理解。

最终，戴德金承认并顺从了这些事实。

"会有许多读者几乎无法理解我向他呈现数所采取的那种难以捉摸的形式，在他的所有生活中，数是忠实又熟悉的朋友。"他写道。

9

"加法的定义"这个词

似乎意味着历经好几世纪的努力，

当代数学家现在终于能够
彻底说清楚加法的含意。

但其实
并非如此。

递   降

　　加法的定义是，以有限的一连串步骤计算两数之和的方法。这不算是严格意义上的定义，因为其中没有**被定义词**（definiendum），只有**定义词**（definien）。它只能算是将数相加的方法，也就是一种进行方式。因为这个方法**只**需要进行有限的一连串步骤，所以最后必然会结束。这一点在逻辑上讲得通。如果这个方法只需要进行有限的一连串步骤，那么就表示它的适用范围也是有限的。但是这一点比较难让人信服。

　　递降（descent）定义，如名字所示，这是以最显而易见的方式，充分运用自然数不断扩展的高塔。这种定义方式包含两个步骤。第一个步骤是将两数之和向下归因于两个较小的数之和；第二个步骤是将两个和的差表示为它的后继数（或加1）。4与3的和是4与2的和**加1**。

　　这整个定义无可避免地让人觉得是混杂拼凑之物，似乎我们一直在逃避那个基本的事物，也就是加法的定义，而且正是分阶段或分步骤时逃避的。如果要理解4与3的和，必须先理解4与2的和，我们对**加法**的了解怎么可能有进展？这不就有点像是将"兄弟"定义为"同胞手足中的男性"，然后又说"同胞手足中的男性"是"兄弟"一样？

　　递降定义中的循环性（circularity）很容易理解，但事实上这是错误的概念。数学家以 4 与 2 的和来定义 4 与 3 的和时，**已经**违反了一项古老的逻辑协定，就是严格意义上的定义必须**去除**它所要定义的东西。

但是，如果加法的定义在思想上包含某种近似于循环性的东西，这个缺陷可借由递降来排除，最后完全消失。

4 与 3 的和定义为 4 与 2 的和加 1。

但更进一步向下，4 与 2 的和则定义为 4 与 1 的和加 1，如此继续下去，最后定义为 4 与 0 的和再加 1 两次。

所有进一步的计算中都排除 3 之后，4 这个数也随之消失。加法这种运算消失了，只剩下计数这种纯粹行为。4 与 3 的和是 0 加 1 加 1 加 1 加 1 加 1 加 1 加 1。

这个概念如此简单又非常具说服力，所以我们通常会先用这种方式教小孩。想知道 4 块积木加上 3 块积木之后共有几块积木，就把积木堆在一起，再一块块数。

这就是递降定义所完成的。

应该是吧。

新　　奇　　的　　标　　记

加法的定义必须借助文字辅助，说明两数的和代表什么意义，而且必须对**每一个** x 与 y 两数加以说明。$x+y$ 这些符号有点像我们不完全了解的外国文字〔如 *étiquette*（礼节）、*coup d'état*（政变）、*Weltanschauung*（世界观）〕，有种与实际情况不符的熟悉感。$x+y$ 中的"+"号如同遭到虐待的侏儒，朝 x 与 y 两个**字母**伸出友谊的双臂。"+"这个符号的意思是"加"；但 x 与 y 这两个字母其实没办法相加，因为它们指涉的显然不是数，从这里就可立刻看出我们对它的熟悉程度其实有限。

这一点也不笨；标记**无法**说明它本身的意义。

一千多年前，在数学中就具备了必要的工具。它是阿拉伯文艺复兴的献礼，不过进一步改良则是 19 世纪意大利数学家皮亚诺（Giusseppe Peano）、德国数学家弗雷格（Gottlob Frege）、美国哲学家皮尔斯（C. S. Peirce）、爱尔兰数学家布尔（George Boole）、英国数学家迪摩根（Augustus De Morgan），以及后来的罗素等人的功劳。他们和当年底比斯四十人希腊反抗军一样，都是杰出的标记专家。

以 x、y、z 这些后段字母做为代表变量的符号，它们的某些功能和英文的一般代名词相同。盎格鲁—萨克逊的**我、你、他、她、它、我们**和**他们**容许不定指称（indefinite reference）的形式，**我来了、我看见、我征服**这句话并没有说明是**谁**来了、**谁**看见、**谁**征服了**什么**。

我们都很清楚这就是尤利乌斯·恺撒，他自己的陈述中的作者和主语。不过我们心里明白，我们是从上下文得知，而不是从语法看出来的；而且更进一步来说，这个**我们**又是**谁**？

虽然英文中的代名词可以说明谁正在做什么，但用来说明分离的指称时，往往很不好用。在**他想他最好离开**这句描述句中，我们看不出**他**这个代名词指称的是一个人还是两个人。*

一般语言很容易模棱两可，但在数学中必须避免这种情况。如果 x 大于 x，和**他想他最好离开**一样，具有某种挥之不去的不确定性，那么它们所指称的到底为何？

变量是一种名字，符号形式也是。符号与它们所命名的事物之间是有区别的。字母 x 是符号，一种只字残语，借用后半段的英文字母展现"超基础数学"。但在 x 大于 5 这句叙述中，变量 x 发挥了实际作用。如**它们**的名字所示，变量所指涉的事物是会改变的。变量 x、y、z 通常指涉数，这是它们的主要应用领域。**6x** 两个符号接邻，所以代表 6 和某数 x 两者以乘法结合；**x>6** 两个符号代表**某数** x 大于 6；而 **x>y** 两个符号代表**某数** x 大于**某数** y。

某数究竟是哪个数呢？$x>6$ 中的符号 x 与符号 6 不同，不限于代表一个特定数。$x>6$ 的意思是 x 指涉**某数**或**其他**数，这个数的身份并不确定，只知道它大于 6。这种不定指称的形式，使得近代代数方程论（modern algebraic theory of equations）所发展的

---

* 约翰想他应该离开这句话模棱两可，但他想约翰应该离开则不会。真奇怪。

计算技巧成了可能，那就是间接识别法（indirect identification），例如 x 可以用"平方后是 25"这种方式来确认身份。

逻辑学家和律师一样，拥有外行人不需要的标记方法。他们以反过来的 ∃ 代表**存在着**（there exists），这个量词的三支手臂向外伸展，似乎想伸手触及创造本身的来源。

变量和量词一起发挥作用，缩短了英文原本的冗长叙述。**有一个数平方后的结果是 25**，可以完全变成 $\exists x(x^2 = 25)$。

齐整、优雅、明快、真实又**简短**。

三 个 条 件

我们小时候从来没碰过的概念性问题，现在以最广义的方式出现：

只已知后继数或 0+1，那么对**任**两数 x 与 y，如何定义 $x+y$？

这里总共需要三个条件。第一个条件确立 0 是一个数，这个数在加法中不具作用。对每一个数 x：

$$1.\ x+0=x$$

　　加法定义中的第二个条件功能是提醒。这里需要定义和赋予意义的是任两个自然数 x 与 z（例如 4 与 3）的和 $x+z$。

　　于是结果显而易见：对任一 0 以外的数 z，**一定**有某数 y，使 $z=y+1$。要知道，4 是 3 加 1；3 是 2 加 1；2 是 1 加 1。这个原理在任何状况下应该都不会有问题，而且它的确很容易由皮亚诺公理推导得出。

　　因此，加法定义中的第二个条件确认，对**任**两数 x 与 z，以及对某数 y：

$$2.\ x+z=x+(y+1)$$

　　定义中的第三个条件说明了定义递降的原则。对任两数 x 与 z，借由某个适当的 y 确认（有两种）：

$$3.\ x+z=x+(y+1)=(x+y)+1$$

　　这个条件由左向右看，将 z 改成 $y+1$，而 $x+(y+1)$ 的和改成 $(x+y)+1$ 的和。

　　非常奇怪又很令人惊讶的是，这三个简短的符号条件竟不知怎的呈现了加法的过程，将小的数加入小的数，或将大的数加入更大的数，将小的数加入大的数，将大的数加入小的数，显然有无数的各种组合受到语言掌控，而且是根据推论而来。

很麻烦吗？这些符号的运用**让人不耐烦**吗？还是说它们是某种重要的大胆智识行动的工具？

答案是后者；**绝对**是后者。

在　　　　时　　　　空　　　　中

现在我们已经知道方法，也了解程序。接下来不妨问问：谁对**谁做什么**？

$x+(y+1)$ 处理好了，接下来要处理 $(x+y)+1$。这两个算式指涉的是同一个数，所以它们之间的差别不在于指涉的结果，而在于指涉的方式。$x+(y+1)$ 指涉的是**先**将 1 加入 y，**再**将结果加入 x。$(x+y)+1$ 指涉的则是**先**将 x 加入 y，**再**将 1 加入 $(x+y)$。

圆括号可以说明正确的处理阶段。学院派逻辑学家曾经将圆括号等称为助范畴词（syncategorematic）。圆括号成对出现，作用是指示数学式中的结合，在消除歧义上扮演至关重要的角色。以 $2+3+5$ 而言，2 与 3 或 3 与 5 是不是连在一起没有差别，结果都是一样的。但如果是 $2+3\times5$，差别就很大了——看成 $(2+3)\times5$，答案是 25；看成 $2+(3\times5)$，答案是 17。

以更深奥、更神秘难解的意义来说，圆括号在数学中是时态标记（temporal marker），它们所指示的结合与我们进行的运算有关，圆括号的两条曲线不仅标示数的结合，也标记开始和结束。

数学家往往写道，自然数是超越时空的。在某种意义上，这种说法显然没错，不过这句话里的**超越**是什么意思并不清楚。**超越多远**？如果说这种说法不经意透露了些许讽刺，那么相反的说法也没有多好。说自然数就像其他事物一样，会在某个日期出现，几年之后又会消失，这代表什么意思？这种说法当然没有条理，因为如果想确定自然数出现在一段时序流（temporal stream）中的情况，必须先假定它们的存在，才能描述这段时序流。所以在某种意义的**超越**、某种意义的**空间**、某种意义的**时间**上，自然数或许超越时空，与任何明确的事物无关。

这个说法对我而言已经够好了。

现在我们看到的就是这个。无论自然数是什么或位于什么地方，加法等基础**运算**都会借由括号的曲线提醒我们，将两数相加时，我们是**先**完成某个动作，接着**再**完成另一个动作。

"如果我们无法依据空间和时间的概念去理解某些事物，"物理学家薛定谔（Erwin Schrödinger）说道："就代表我们对这些事物完全不理解。"

4   加   3

现在我们将实际运用加法的定义，求出 4 与 3 的和。

若对任一数 2，有一等价数 $y+1$，则对 3 而言，这个必要的 $y+1$ 就是 $2+1$。数字 3 看起来变大，但可以用下方的 $2+1$ 来指涉。如下一连串推论列出显而易见的适当代换：

$$4+3=4+(2+1)$$

现在

$$4+(2+1)=(4+2)+1$$

依据加法定义的第三个条件，该定义允许将 $4+(2+1)$ 中的括号强制移到左边，变成 $(4+2)+1$。将 3 变成 $2+1$ 的魔法同样适用于 2，将 2 变成 $1+1$。

所以

$$(4+2)+1=\left[4+(1+1)\right]+1$$

再套用一次第三个条件，成为

$$\left[4+(1+1)\right]+1=(4+1)+1+1$$

将 1 取代为 0＋1

$$(4+1)+1+1=\left[4+(0+1)\right]+1+1$$

再套用第三个条件

$$\left[4+(0+1)\right]+1+1=(4+0)+1+1+1$$

但依据定义中的第一个条件，4＋0 就是 4，这个条件第一次发挥实际作用。可得

$$(4+0)+1+1+1=4+1+1+1$$

将这个推论的首尾连接起来，可得

$$4+3=4+1+1+1$$

纯粹主义者可能想把这个算式里的 4 去掉，完全用 0 与它的后继数来表示。结果就是 0＋1＋1＋1＋1＋1＋1。如果将算式中

的加 1 改成后继本身，会使这个简明的算式变得更简明。4 与 3 的和正是 0 的第七个后继数 SSSSSSS(0)。透过这种方式，一向被视为神秘的数字 0 拥有了生成能力，与原本表示"无"的角色全然相反。

无论使用什么标记，我们都以戴德金诉诸的"最简单的算术行为"取代了加法。

现在看来，戴德金平实的批评中肯贴切——而且向来如此。随便问一个一年级的小朋友——恰巧达芙妮来我这里度过蚊虫乱飞的夏日午后——因为计算 4 与 3 的和已经超过她的能力极限，所以我问她这个问题之后，就看到她干裂的嘴唇嘟了起来。不过，一个个去计算没有超过她的能力极限，所以她怀着重拾的热情，流出一大口口水，光荣地数到了 7，而且高兴地一直数下去。

然而，一个个去数到 7，跟将 4 与 3 相加，两件事其实是一样的。

它们**正是**同一件事。我们现在已经置身戴德金所说的难以捉摸的形式。"超基础数学"中第一个简洁又具无上智识的伟大数学杰作，已然揭露。

10

古代商人发现了将数相加的方法，

当然也知道如何把数相乘。

他们运用的技巧是苏美尔帝国抄写技艺的

一部分。

乘   法

　　加法和乘法这两种运算可以追溯到信史（recorded history）（人类已懂得用文字记录历史以后的历史，多指公元前 4000 年后。——编者注）的开端。从这一点或许可以看出，在人类心智的发展中，加法和乘法最后必然会合二为一：**只要想到加法，接下来**就想到乘法。

　　乘法和加法一样，定义领域完全在自然数的范围内。它们是最自然的运算。当然，我们也可以赋予减法和除法某种定义，让这两种运算只使用 0 和 0 之后的数，但这样的定义必会让运算变得残缺。10 减 5 还好，但 5 减 10 一开始就有问题。12 除以 2 也一样。12 除以 2 没有问题，但 2 除以 12 需要的资源就超出自然数了。

　　如果任何文化精妙到足以理解数字本身，加法和乘法运算就**都会**随之产生，那么似乎显见这两种运算一定是不同的。如果加法可以充分满足需求，或者至少够用的话，精明的苏美尔商人为什么要自找麻烦做乘法？

　　如果这件事看来理所当然，那不是因为基础教育多半会教乘法。正好相反，教科书中把乘法定义为重复的加法。**5 乘 6**，或说 5×6（或 5·6），只是把 6 相加 5 次：

$$6+6+6+6+6$$

这种诠释方式据说是为了展现经济效益。相加 6 次必须进行 6 次动作，乘法只需要一个动作。因此，它的定义是：任两数 x 与 y 的积是把 y 本身相加 x 次。

尽管这个定义明显是正确的，但显然并不让人满意。首先，将 5 与 6 的积定义为把 6 相加 5 次，至少会使包含语言联结关系的概念再回到乘法本身。

5 次？

其次，如果 5 乘 6 定义为把 6 相加 5 次，那么把 6 相加 5 次，与把 5 相加 6 次，两者是相同的吗？定义中没有明确说明，因此有可能不同。

定义里没有讲。

当我们需要求出 6 与 0 的积时，这个定义也显得暧昧不明。把 0 相加 6 次究竟是什么？我想是 0。不过以此推理，把 6 相加 0 次不是应该还是 6 吗？把一个数相加 0 次，怎么可能会有其他答案？

而最后，如果如教科书所言，乘法可以化约为加法，为什么 6 加 0 等于 6，6 乘 0 却等于 0？

从这类问题可以看出，深入探究细节时，乘法会造成前后不连贯。

苏美尔商人完全正确。乘法和加法是不同的运算。
乘法是另一种运算，受到的限制也不一样。

乘　　法　　的　　定　　义

乘法的定义和加法的定义一样，运用定义递降。不仅如此，
乘法定义采用的假定和加法定义的假定相同。这一点符合一般大
众的直觉，也就是在自然数中，加法是最原始的运算。乘法的定
义包含三个条件。

第一个条件确立 0 是一个数，这个数在乘法中的运算结果是
它自身。对每一个数 x：

$$1.\ x \cdot 0 = 0$$

加法和乘法定义中相互对应的条件大不相同，这一点让人很
惊讶。在加法中，0 让一个数运算后结果是原本的数；在乘法中，
0 让数运算后结果是 **0**。

另一方面，1 在乘法中的作用与 0 在加法中的作用相同。因
为对任一数 x，$1x$ 就是 x。由于这个缘故，0 和 1 分别称为加法和
乘法中的单位元素（identity element）。

乘法定义中的第二个条件功能是提醒。对任一 0 以外的数 z，**一定**有某数 y，使

$$2.\ z = y + 1$$

第二个条件在加法定义中已经出现过，强调数会形成级数，每一次增加 1。

乘法定义中第三个也是最后一个条件形成定义递降。这里必须定义和赋予意义的是任两个自然数 x 与 z 的积。这个条件借由在加法定义中使用的相同技巧来完成：

$$3.\ x \cdot z = x \cdot (y + 1) = (x \cdot y) + x$$

这个条件由左向右看，首先认可将 $x \cdot z$ 改成 $x \cdot (y+1)$。

接着将 $x \cdot (y+1)$ 改成 $(x \cdot y) + x$。重心已无情地由右边转移到左边。

虽然加法和乘法递降定义相同，但运作方式大相径庭。加法定义的运作方式是**结合**，因此 $x + (y+1)$ 可以改写成 $(x+y)+1$。乘法定义的运作方式是**分配**，$x \cdot (y+1)$ 中 x 的相乘对象是 y 和 1 两者，因此必须改写成 $xy+x$，不是 $xy+1$。*

---

* 结合和分配是具艺术性的名词，需要加以解释。请参见第 14 章。那些论述都很有吸引力。

无论是否有其他优点，第三个条件最大的长处是完全符合常识。5 与 4 的积确实是 5 乘 (3+1)，这也确实是 (5 乘 3)+5，结果确实是我们预期的，也就是 20。所有加法的轨迹最终都能借由递降去除；在乘法中也一样，(5 乘 3) 可取代为 (5 乘 2)，然后是 (5 乘 1)，最后是 (5 乘 0)。如同定义中第一个条件提醒我们的，这个部分最后结果等于 0。

这是以另一种方式来说明定义**确实有用**。在数学或其他任何领域，不好的事物是不会有用的。

不仅如此，它还具有其他好处，因此可以持续加以运用。已知这个定义，便可直接推论 1 是乘法的单位元素。

这个证明只有一行：对任一数 x，$x1 = xS(0) = (x0) + x = x$。

3 与 2 的 积

下面是求 3 与 2 的积所运用的乘法定义。

2 显然是 1+1，所以

$$3 \cdot (1+1) = (3 \cdot 1) + 3$$

但 $3 \cdot 1$ 是 $3 \cdot (0+1)$〔原书误植为"$3 \cdot 1$ 是 $3 \cdot (0+1)+3$"。——译者

注]，而 $3 \cdot (0+1)$ 是 $3 \cdot 0 + 3$，因此 $(3 \cdot 1) + 3$ 缩减成

$$3+3$$

将分开运算的乘法改成加法。

将 $3+3$ 放回第一个算式，可知

$$3 \cdot 2 = 3 + 3$$

这个计算很容易继续进行下去，直到**所有**的数都消失为从 0 开始的一连串断续的数字。我们对这种运作方式已经熟悉到不需要再做练习了。真正重要的是过程：将乘法改成加法与乘法，但数字向下降。将加法改成加 1，将乘法改成利用 0。从加 1 回溯到数手指，然后从数手指回溯到跳动的心脏，这就是"超基础数学"发源的地方和声音。

乘   方

现在加法和乘法下台一鞠躬。

接下来登场的是乘方。**10″** 这个数学式指涉的是 10 经历一种

自体中毒。10 的平方是 10 自乘 1 次；10 的立方是 10 自乘再自乘；如此持续进行到 10^n，也就是 10 自乘 n 次。

在这个数学式中，10 是底数，n 是指数。底数和指数连接之后产生一个新的数，所以乘方的效果跟函数相仿。它具有实际功能。乘方与加法和乘法不同，它本身没有符号，而是将指数的位置放在底数的右上方，借以得出结果。

在定义乘方时，我们可以抛开对 10 的忠诚。这样的忠诚主要来自心中的熟悉感。我们用不着规定乘方只能使用某个数。**任何**自然数都可以作为指数函数的底数，2^{17} 对于自乘的渴望和 10^{24} 是一样的。

我们同样必须借由定义递降来规范乘方。这里有三个条件。第一个条件确立以 0 为指数的乘方会让任何数得出的结果是 1。对任一大于 0 的数 x：

1. $$x^0 = 1$$

第二个条件已经出现第三次了：任一自然数 z 均可以其前数 y 来表示，因此

2. $$z = y + 1$$

　　然后最后递降：

　　3. $x^{y+1} = (x^y) \cdot x$

　　递降之后回到我们熟悉的结果。7 的 3 次方是 7 乘 7 乘 7，而且 7 的 3 次方就是 7 的 **2** 次方乘 7。

　　如果递降的结果类似，但它的第一个条件却不一样，那么"为什么 10^0 应该是 1"这个问题从何而来？10^0 这个符号看起来有点像两只眼睛位于头的同一侧、让人毛骨悚然的比目鱼。不要一直想着 10 了。3^0 是 1 如何？3 的 1 次方是 3，不会多也不可能少。但 3 的 **0** 次方呢？为什么是 1？如果说 3 **乘** 0 是 0，但 3 的 0 **次方**是 1，会不会让人怀疑有点前后矛盾？

　　学生总会这么问，而且这么问一点也没错。

　　最后这些事实确实会连贯起来，因为如果我们不设定 3^0 是 1，就是设定 3^0 是 0。

　　在这种情况下，3^1 是什么？

　　1 等于 0+1，所以 3^1 等于 3^{0+1}。

　　由此可得，3^{0+1} 等于 $3^0 3^1$。

　　因此，若 3^0 是 0，$3^0 3^1$ 必是 0。

　　所以，若 $3^0 3^1$ 是 0，则 3^1 也必是 0。

　　这个论证表示，乘方这种运算会使一切化为乌有。

这些结论不怎么令人开心。它是不是成了反证明？它们无懈可击吗？

不尽然如此。它只确立**若**定义递降呈现出乘方的某种重要特质，则 x^0 **不可能**是 0。

它们并未确立它**必**是 1。

但就在我们之间，它还会是什么东西？

指　　　　　数　　　　　幂

透过一些简单的步骤，可以用乘方的定义产生一组指数幂。

1 的任何次乘方结果都是 1。如同将重力场施加的力联结在 1 上面，以符号表示就是 $1^z = 1$。

如果乘方在底数为 1 时遵守特定的局部重力场，当底数为其他数时，它会跨越既定的括号边界。若有一数 x 的 y 次方，然后得出的结果再 z 次方，那么数学家通常会将 $(x^y)^z$ 指涉为一个两步骤的运算：先计算 x^y，再从得出的 x^y 计算 $(x^y)^z$。碰巧，指数可以跨越括号边线，彼此共存，因此事实上不需要两个步骤，也就是说 $(x^y)^z = x^{y \cdot z}$。

同样地，应用于两数的积时，指数可以同时分配给两个数，两个数都必须承担相乘的工作：$(x \cdot y)^z = x^z \cdot y^z$。

这不是为了打发或排遣时间想出来的，至少我们看到的不是。一个极重要的指数恒等式，**这个极重要的指数恒等式**，可用以创造财富、建立帝国，并且为 17 世纪的科学革命提供非常可观的助力。

这个恒等式很简单：$x^y x^z = x^{y+z}$。要将 10^3 乘 10^5 时，不需要做两次指数运算，再把结果相乘。把两个指数**相加**，再进行**一次**乘方运算就可以了：$10^3 \cdot 10^5$ 是 10^8。

乘方是由下而上的计算流程，先从底数开始，再计算指数。既然能由下而上计算，必定也能由上而下计算。因此，17 世纪时，纳皮尔（John Napier）在其著作《对数的奇妙准则》(*Mirifici Logarithmorum Canonis Descriptio*) 中介绍了对数的概念。一个数的对数仍然是数，先求出其指数后才能求值。向上计算时，由 10 与指数 2 可得出 100。向下计算时，由 100 与（底数）10 可得出 2。2 是 100 的对数，100 则是 2 的反对数。

这些代数工具逐渐到位，让数学家可以把乘法化约为加法，并且巧妙避开计算复杂的运算，改用另一种计算简单的运算。

这种神奇的数学工具源自一个非常简单的推论，闪闪发光又鲜艳夺目。

对任两数 x 与 y

$$xy = 10^{\log xy}$$

但是

$$10^{\log xy}=10^{\log x+\log y}$$

所以

$$10^{\log x+\log y}=xy$$

$10^{\log xy}=10^{\log x+\log y}$ 这个等式同时隐含了那个极重要的指数恒等式的一般状况和特殊状况。

一般状况：$10^{\log x}$ 乘 $10^{\log y}$ 等于 $10^{\log (xy)}$，因为等式两边都等于 xy。

特殊状况：$10^{\log x}$ 乘 $10^{\log y}$ 是 $10^{\log x+\log y}$，因为 $x^y x^z=x^{y+z}$。

对数和反对数可以计算到非常精细的程度。由此产生的对数表，让物理学家和工程师、地质学家、导航员，以及了解蒸汽如何膨胀的人，第一次拥有一种任凭使用的高效率计算工具。指数展现了前所未闻的强大力量，协助我们快速计算出需要的答案。

11

位置记数法是数的命名原则，

但到目前为止，

这种方法只限于以两个名字指涉的数，

如 27 或 32，

也就是形式为 *ab* 的数。

大 　　　　字 　　　　典

加法、乘法和乘方引入之后，提供了一个系统，让我们透过这个系统来命名所有的数——命名过程或许不是一蹴而就，但可借由一套方法或规则有系统地完成。最后的成果就是这部"自然数大字典"。无论将它视为数学成就或文明里程碑，这部字典都重要崇高，因为如果没有这部字典，就没有所谓的西方科学，我们也无法用符号去捕捉不断扩大的自然数高塔。

自然数大字典在编排上提供了两种转换方式。以其中一种方式观看时，数学家可由自然数的名字得知数的本身；而反过来观看时，那些相同的条目可让数学家由数来查得数的名字。

在这部大字典中，数的名字与数的对应关系是以基底（base）概念为基础，这是一个可用来表示其他所有自然数的自然数。在最新版的大字典中，这个系统的基底是 10。苏美尔数学家以 60 为基底，今日的计算机科学家则以 2 为基底。

有了固定的基底，我们就能运用 10 的各种次方和乘积，给予所有的数一个标准描述。10 的平方（或 10^2）是 10 自乘。10 的立方（或 10^3）是 10 乘 10 再乘 10。10 仅出现一次（或 10^1）就是 10 本身，但 10^0 是 1。

显而易见地（我是这么希望），任一数都可用 10 的次方和乘积来表示，所以 73 是 $7 \times 10^1 + 3$，其中的 7 和 3 其实还可再加改写，以 7 次 10^0 代表 7，3 次 10^0 代表 3。

为了因应某一转换方向的需求，这部字典的第一页包含并反映了整个架构的要点。以粗体列出的名字在左边；名字所命名的数在右边，两边用圆括号框起来：

0 命名 (0×10^0)

1 (1×10^0)

2 (2×10^0)

3 (3×10^0)

4 (4×10^0)

.

.

.

9 (9×10^0)

字典的接下来几页是 10 与 19 之间的数。字典中允许以加法辅助乘法。

10 $(1 \times 10^1 + 0 \times 10^0)$

11 $(1 \times 10^1 + 1 \times 10^0)$

12 $(1 \times 10^1 + 2 \times 10^0)$

.

.

.

$$19 \ (1 \times 10^1 + 9 \times 10^0)$$

字典继续以这种方式一页页、一条条地命名数的名字。这部字典最前面的十几页，我们小时候大部分都学过。日常生活中其实不需要非常大的数。要处理庞大的私人财产，只需要几个 10 连同它们的指数和继承人就绰绰有余。

尽管目前看到的例子只限于形式为 **ab** 的数字，当这部字典的架构持续扩大时，却可能含括需要三个符号来指涉的大数，也许某些情况下还需要更多。假如魔鬼对"超基础数学"有兴趣，他可能会把 **666** 这个条目写成如下：

$$\textbf{666} \ (6 \times 10^2 + 6 \times 10^1 + 6 \times 10^0)$$

表示位置记数法的范围已经扩大了，除了十位数和一位数之外，也包括百位数：6（百）6（十）6（一）。

让魔鬼得到他应得的答案吧：这次他做对了。

由　基　底　10　出　发

现在转换方向，改成由数到名字：

$$0 \times 10^0 \ (\mathbf{0})$$
$$1 \times 10^0 \ (\mathbf{1})$$
$$2 \times 10^0 \ (\mathbf{2})$$
$$3 \times 10^0 \ (\mathbf{3})$$
$$4 \times 10^0 \ (\mathbf{4})$$

.

.

.

$$9 \times 10^0 \ (\mathbf{9})$$

　　如果由名字转换成数的规则是数对应于 10 的次方和乘积，则逆向转换的规则就是数的名字代表它的系数。**666** 这个数字来自 $\underline{6} \times 10^2 + \underline{6} \times 10^1 + \underline{6} \times 10^0$，加上底线是为了提醒我们注意强调的部分，也就是 6。

　　这个架构适用于更大更大的数，而且所有的数都通用，下面这个式子可以含括任何数：

$$a_n \cdot 10^n + a_{n-1} \cdot 10^{n-1} + \ldots + a_1 \cdot 10^1 + a \cdot 10^0$$

它的名字可由系数 $a_n a_{n-1} a_1 a$ 得知。字母 **n** 在这个式子中的作用是簿记工具，也就是某种指数。它指涉一个数，这个数的值依上下文而定。以 666 为例，**n** 指涉 2，所以 666 可用形式为 $a_2 10^2 + a_1 10^1 + a 10^0$ 的式子来指涉。这个式子共有三部分，但加底线的系数所乘的 10 的乘幂数只有两次大于 0。6 出现了三次，第一次在百位，第二次在十位，第三次则是原本的 6。

在这个架构中，"超基础数学"的基础运算被用来**解释**它的标记，而这些标记则被用来**表示**它的基础运算。这不是悖论：事情本来就是这样。

"超基础数学"系统和人类的心智一样，不能完全切割成不同部分。

它是一个整体。

12

劳伦斯（T. E. Lawrence）为道堤（Charles M.
Doughty）的《阿拉伯沙漠旅行记》
（*Travels in Arabia Deserta*）写序时，
在文中试图描述他和道堤都很称道的
沙漠阿拉伯人的性格。

劳伦斯写道，
"他们毫不置
疑地接受生命
这个礼物，将
它当成公理。"

"这个民族丝毫不令人厌恶。"

递   归

这种表达事物的方式既传神又饶富意味：将生命视为不受质疑的礼物接受下来，就像是把它当成公理一般。礼物可能因为不受置疑而像是公理；公理则因为不劳而获而像是礼物。

我不知道沉着冷静的贝都因人对于这个文诌诌的排比有什么感想。贝都因人似乎觉得劳伦斯和道堤都是疯子。

尽管如此，劳伦斯在这段不经意的评论中，还是触碰到一条敏感的神经。公理系统表达了附属于原理的某种复杂性质。它不是游戏，也不应该是。欧氏几何的公理刚出现时是一种猜想，但进入思想界之后，它们便以任何猜想都前所未有的方式，迫使我们臣服于他。

在公理系统中，最初的认可姿态会生成庞大而复杂的支持系统，皮亚诺公理就是这样得到无异议的接受，后来这位数学家发现自己也要对那些继之而来的定理作出保证；他的信念衍生出的结果常令他感到惊讶。

但"超基础数学"的**定义**有什么重要性？它们只是文字游戏吗？如果是，恐怕会引来负面想法，那就是无论这些定义说了什么，都可能是其他的意思。

如果"超基础数学"的定义都是定理，那么一切就没问题了。然而，公理与"超基础数学"的定义之间的关系，并不是轻轻松

松就能确定。它们之间的关联难以捉摸。算术公理对加法或乘法
什么也没有说；定义则是一切全都说尽了，不过没有任何推论可
以将"什么也没有"和"一切全都"联结起来。

　　既然如此，公理怎么能够含括定义？

　　且若公理不能含括定义，而定义又具有这么多功能，那公理
到底有什么用呢？

　　加法和乘法的定义是递降定义。当程序允许可定义的函数呼
叫（call）自己的值时，计算机程序设计师就将这种基础技巧称为
递归定义。当然，我们没有理由把数学家和计算机工程师都具有
定义递降的特质这件事当作好事，因为我们常讲"祸不单行"。

　　但是又有什么理由把它当做坏事呢？

　　这完全是另一个问题，而且必须以更练达的角度去感受哪些
因素可能会影响到这些定义的好**或**坏，才能回答这个问题。

　　加法和乘法是以两个数产生第三个数；它们拥有活跃的生命，
如果要用**任一**定义来描述它们的本质，都必须符合我们对生命事
实的了解。

　　在某些特定情况下，这种符合很容易达成。加法定义证实了
"4 与 3 的和是 7"这个命题为真。而一般说来，定义自己会提供
证据。一切都在意料之中。

　　吹毛求疵的人可能会想，这些证据会不会只是我们在套用定
义时，定义中的字句碰巧搭上了正确的结论？

定义递降显示 4 与 3 的和是 7，这个结论对于说明 5 与 3 的和没什么帮助。5 与 3 的和仍待确定。通常必须借助真正有用的措辞"**等等**"，才能解答递降定义如何扩大的问题。

但为了合理化"**等等**"这个措辞，数学家需要的不只是定义递降本身。

他们必须**证明**，世界上有一种东西能以递降定义来详细定义。

如果这位数学家没办法让第一个与第二个完全符合，那么说他是大师但他却无法完全精通这项定义，又有什么意义呢？

应　　得　　的　　赞　　扬

美国逻辑学家克莱尼（Stephen Kleene）在专著《元数学导论》（*Introduction to Metamathematics*）中提出并证明了递归定理（recursion theorem）。尽管该书在某些方面不够成熟，许多方面又很深奥难懂，仍然令人激动。因为他在书中奋力探究了许多大胆的新想法，尽管克莱尼缺乏某种性格，无法把思想打磨到优雅简练——但这有可能是因为他是第一个试图将这些想法条理化的人。

递归定理借由将定义递降合理化，满足了一项需求。这种类型的定理（也就是**辩护**的定理）必须做到两件事。第一，它必须演示定义递降在真实世界中具有某种意义；第二，它必须证明无论在何时运用定义递降，其结果都是唯一的。

这两项需求当然没什么稀奇。若定义递降没有要定义的对象，这项技巧毫无用处。且若定义递降所定义的事物不只一个，那么掌管加法的是**哪一个**？掌管其他运算的又是哪一个？

递归定理一举证实了在定义递降中，**有某样东西受定义掌管，而且这个东西是**唯一的。它以最适当的方式，解决了定义是否能将事实合理化的问题。

合理化已经完成了。

分   离

设 2 在同僚鼓励下透过乘方增加，而且不断变大，就会出现 2^0、2^1、2^2、"等等"到 2^x，其中 x 是任一自然数。

无论标记有什么细微差别，函数 2^x 都需要一种心智活动，一项行动，将一个数变成另一个数。这种思考事物的方式成功地将函数的概念化约为命令：**将 2 变成 2 的 x 次方**。

不过它没有提供很好的分析工具，让我们用来描述这个函数——其实不只是**这个**函数，而是**任何**函数。

虽然函数是一种行动工具，它在运作时会留下痕迹，也就是它独有的特征，但我们必须保持某种智识上的超然才看得见这个痕迹，一种沉思冥想的意愿。这个痕迹在 2^x 这么简单的函数里显而易见。这个函数每次在数字上做出行动，就会透过它所连接的**成对**数字留下运作的痕迹：0 与 1，1 与 2，2 与 4，4 与 16，如此这般继续下去。

由此看来，函数 2^x **等同于**一个无限的序对（ordered pair）集合，**那个**序对集合为 {<0，1>，<1，2>，<2，4>，...}。事实上，里面的尖括号代表顺序，而代表集合的大括号 {,} 则将这群序对结合成一个可分离的思考客体。这个序对集合是无限的，因为乘方的过程没有终结，因此这个函数不会结束。

虽然我们将 2^x 视为乘方的行动命令，真正重要的却是数与数之间的汇合。函数 2^x 是求出 2 的 x 次方。**这是它执行的工作**。去除它的行动角色之后，2^x 成为一个序对集合 {<0，1>，<1，2>，<2，4>，...}。**这是它的面貌**。

关于定义递降的问题现在看来更清楚了：

递降定义是否确认了一个函数**存在**？

而这个函数是不是**唯一**的？

因为这个函数现在可以视为等同于序对集合，所以对于定义递降是否定义了**某物**这个问题而言，这是非常重大的进展。

递   归   定   理

如同前面介绍的加法和乘法一样，函数 2^x 也很适合运用定义递降来说明。

这里需要两个条件。第一个条件规定这个函数从 0 开始：

1                              $2^0 = 1$

第二个条件透过不断向下加倍定义 2^x，构成定义递降：

2                              $2^{x+1} = 2(2^x)$

定义递降一如既往，也可运用在这个案例上，而且可以运用在任何有限的范围内。

这行命令倒是可能需要多思考一下：$2^{x+1} = 2(2^x)$。

就某种意义来说，还有什么方式可以比这更简单？或者更清楚？2 的 3 次方是 2 的 2 次方的**两倍**：$2^3 = 2(2^2)$。

我们还没留意到的是，$2(2^x)$ 这个式子随 x 本身变化的方式相当奇怪。2^x 这个式子单纯指涉一个函数，也就是变化对照清单，但若 2^x 代表一个函数，则 $2(2^x)$ **应该也代表函数**。只要观察它造成的变化即知：若 x 等于 0，则 2^x 等于 1，且 $2(2^x)$ 等于 2。若 x

等于 1，则 (2^x) 等于 2，且 2(2^x) 等于 4。2(2^x) 揭露的函数是原本一直存在的函数 $2x$，它在这里的功能一如它在任何地方的功能一样，就是取一个数然后让它**加倍**。

套用艺术史家的说法，虽然前景一直是以 2^x 为主角，但也要注意同样重要的背景。背景包含三个部分，分别是：自然数、原本一直存在的函数 $2x$，以及 1。

递归定理超越了这幅风景画的个别细节，含括一般性事物。

因此，函数 (2^x) 变成通用的 $f(x)$。对于 $f(x)$，我们除了知道它可用一个数产生另一个数之外，其他一无所知。

那么函数 2(2^x) 呢？它也降级了，而且它的特殊性也降级了。它变成了方便又好用的函数 $g(x)$，它是数对数转换的高手，不过这位高手不怎么注意自己处理的东西（**我可以将一个数变成两倍，也可以把它变成三倍。你要我做什么，我就做什么**）。

同样地，1 也变成**任一数** c。

函数依赖（functional dependency）仍然互相套叠，抽象程度却变得更高，g 作用于 f，形成 $g(f(x))$。

抽象化之后，可以断言（assert）递归定理正确。无论函数 g 是什么，递归定理都成立，且对某数 c，确实**存在**一个**唯一**的函数 f 符合 $f(0)=c$ 这个条件，同时使 $f(x+1)=g(f(x))$。

借由上述方式，再加上递归定理，定义递降将达到完美程度。**它确实可行**。这样很好。各位读者如果认为我写的东西很重要，一定会把我写的东西当成它的证明。但我觉得这不是好事。当某个递归的证明**即将**出现时，必须要付出一些代价才能成功。这个定理需要集合论的资源。函数必须透过它们的身份与序对集合来处理。而这非常复杂。

即使在"超基础数学"中，基础概念也并不总是能用基础概念来合理化。

它 的 工 作 是 什 么？

递归定理将体现在定义递降中的方法或算法，与某个唯一且很可能是定义递降已经定义过的函数的存在联结起来，借此将定义递降合理化。方法是一种文字形式。定理的功能则是详细地向世界传达这些方法。

递归定理一点也不绝对。它的结论是有条件的。函数 2^x 或许具有某种类似绝对补偿的性质。它不仅存在，而且独一无二。但函数 $2x$ 无法以相同的方式合理化。定理中没有说明**它**是否存在且**它**是否独一无二。

怎么会这样？定理有定理的功能，数学中的论证不可能略去所有假定，以便依照结论来重新安排这些假定。

当然，在"超基础数学"中，表达简单乘法的函数 $2x$，或许也具有递降定义，且借由另一个函数再次充分运用递归定理。

它会在哪里结束？

刚好就在后继概念。后继概念就是它的终点——它是基础概念，无法去除，也无法变得**稍微**更容易处理。

如果有人要问该如何确定后继运算确实存在，且在无限多个自然数的全部范围内是唯一的，恐怕没办法得到答案。

它与信念有关，它是一种信仰。

13

19世纪初，

剑桥

或牛津

什么都不好。

制 定 定 律 的 人

　　在19世纪初之前的一百年前，牛顿曾让英国数学界见识到他的才华有多巨大。在他去世后那些年，英国数学家在潮湿寒冷的冬天里吸着鼻子，被问到他们的生计有何意义时，似乎可以理直气壮地说自己跟牛顿是同一党的。如果遭到质疑，他们可以帮大学部学生设计困难又没有意义的考试题目，借以彼此安慰，说他们在守护神圣的火焰。

　　德国数学家雅可比（Carl Gustav Jacobi）曾经造访剑桥大学。晚餐时有人问道，目前在世的英国数学家中，他心目中最伟大的是哪一位？

　　当然，围绕在雅可比四周的当代数学家，每一位都渴望自己能晋升到国际认可的贵宾席，或是希望自己喜爱的数学家被选上。他们想象着自己跟同事说道："哇，雅可比晚餐时说……"但是他们的希望都落空了。

　　最伟大的**英国**数学家？我确定他犹豫了一下，因为他知道诚实的答案一定会让主人难堪，所以雅可比只简单说了："没有。"

　　而且说完马上坐下。

事 物 变 化 的 道 理

20 世纪初，苏格兰裔美籍物理学家麦克法兰（Alexander Macfarlane）曾在宾夕法尼亚州的理海大学（Lehigh University）举办系列讲座。他的目标非常神圣：他必须来这里赞美上帝。这个系列讲座的名称是"19 世纪的十位英国数学家"。麦克法兰以皮考克（George Peacock）作为第一讲，其后陆续介绍了 19 世纪英国数学界九位重要人物：狄摩根（Augustus De Morgan）、汉密尔顿（William Rowan Hamilton）、布尔（George Boole）、凯莱（Arthur Cayley）、克利福德（William Kingdon Clifford）、史密斯（Henry John Stanley Smith）、西尔维斯特（James Joseph Sylvester）、科克曼（Thomas Penyngton Kirkman）及托德亨特（Isaac Todhunter）。在这几位当中，汉密尔顿、凯莱、西尔维斯特和狄摩根是第一流的数学家；布尔和克利福德很重要；其他几位则值得注意。他们的成就或许不同，但每一位都才华出众。英国数学的式微在这个世纪内宣告结束。

19 世纪英国数学家接受的教育相当类似，都以古典语言研究为基础。除了西尔维斯特容易激动又歇斯底里，永远想逃离自己造成的不顺心之外，其他数学家都受自己的性格左右。可以想见的是，他们在政界的发展也和在数学界中同样一帆风顺，倒不是因为他们喜欢掌权，而是他们了解权力的用途。他们很善于处世。同样地，英国数学家绝大多数也和法律界有些关联。对后世来说，凯莱不仅是伟大的数学家，**也是**英国法律界的重要人物，擅长有效而谨慎地运用各种财产转让手法。因此，我们可以想象一个有趣的场景：几个人正在讨论具有某种秘密性质的利益输送，而且这项输送牵涉大笔金钱。坐在凯莱面前的是众所周知的公众人物：一位红衣主教。他从边门进入密室。凯莱鼻子很大，鼻梁上挂着单眼镜，他将文件收拢在一起，先把文件底部在光亮的红木桌面上叩了几下，然后转到侧边又叩了几下，把文件叠得整整齐齐。

红衣主教用手杖敲了一声，提醒凯莱注意，接着用低沉而柔和的中音说："亚瑟，我们都明白彼此的意思，对吧？"

凯莱嘴边现出一抹细微而顺从的微笑，喃喃地说："完全了解，阁下。"

这位访客从刚才进入房间的隐密边门离开之后，此刻手握几百万英镑的凯莱，把刚刚受到托付的财产转让文书放在一边，在书桌中央写着笔记，继续进行刚才已接近完成却被生活需求打断的有趣计算。

失　　根　　的　　英　　国　　人

　　1806 年，狄摩根出生于印度。他的父亲是英国东印度公司的高级职员，祖父也出生于印度。狄摩根出生那一年，韦洛尔兵变（Vellore Mutiny）爆发（韦洛尔兵变是英国陆军中的印度士兵发起的第一场大规模叛变，反对东印度公司的不合理对待，兵变只持续一整天，但过程相当残暴。——编者注）。老狄摩根为了安全起见，把家人带回英国。狄摩根长大后常说自己是失根的英国人。这种说法很古怪，透露出他的国家认同有点分裂：他**没有根**，不过仍然是**英国人**。

　　狄摩根早年接受的教育并不一致。他十岁时父亲去世，青少年时期笼罩在母亲对于英国国教会的狂热当中。她很希望儿子成为神职人员，在 19 世纪初，这个职业可以让他拥有稳定的收入，又能受到相当程度的敬重。接触神学之后，狄摩根似乎对神职不感兴趣，原因可能是他富于热情却不虔诚。他跟着一名牛津导师学习古典文学，尽管今日普遍认为，古典文学的文法不比现代文学合乎逻辑，但他确实透过古典文学的研究获得相当均衡的逻辑观念，这对他未来以研究和争议闻名的事业生涯，带来很大的帮助。狄摩根不是伟大的数学家，但他是领先群伦的逻辑学家。

数 学 优 等 考 试 第 四 名

狄摩根在剑桥的三一学院开始受到皮考克影响。

这不奇怪。被皮考克的个性和热情吸引的年轻人很多。他有一种天赋，能让年轻人相信什么都做得到。皮考克生性急躁、忙乱、爱竞争、爱命令人，不过他很清楚英国数学界中有谁可以信赖，谁是数学界的一员，又有谁不算数。就算缺乏数学天分，他也伪装得非常好，还构思并执行了许多数学教育改革。这项行动计划至今仍深得人心。希腊时代以来，数学教育一直历经改革，结果仍然是——完全没有效果。1815 年，皮考克和巴贝奇（Charles Babbage）及赫歇尔（John Herschel）联手成立分析学会（Analytical Society），皮考克发挥强大的意志力和不屈不挠的性格，让英国数学界相信他们虽然舍弃牛顿的微积分符号，不表示对牛顿不敬。尽管狄摩根十分崇拜皮考克，仍保有自己的想法。他是在一段距离之外欣赏，不是完全折服。他与皮考克阵营中的其他人不同，厌恶大学运动员生活中臭气冲天的盥洗室，而且冷淡地拒绝参与任何运动。他会吹长笛，据说是感受敏锐的音乐家。他喜欢随心情阅读，凭感觉研究学问。他发现要通过数学优等学士学位考试必须修习的课程非常繁重，但他很不喜欢这样，我猜想他在课业上不是很认真。后来他只得到数学优等考试第四名，这个名次虽然不至于可耻，却称不上令人满意。

14

算术定律。

这个措辞本来就古怪，

再加上发现这个定律的数学家是律师，

显得更古怪。

程　　序　　数　　学

　　虽然算术定律名为定律，性质却是属于程序性的。它们负责控制过程，而且具有强制性，会说：**你可以这样或不可以这样**。它们一点也不浪漫。如果是与质数有关的定理，情况刚好相反。质数只能被自己和 1 整除。最开始的几个质数是 2、3、5、7、11。正如欧几里得所演示的，质数有无限个，但质数的分布格外不规则。在极大数的领域里，质数零星稀少，简直仿佛质数不喜欢跟这些庞大的数牵扯太多。希腊数学家发现，自然数都能以正质数的次方和乘积来表示，这个结果通常被称为算术基本定理（fundamental theorem of arithmetic）。希腊数学家十分着迷于他们的发现，而且不断讨论它。

　　程序的定律却非如此，没有这么受到重视。但它们的重要程度毫不逊色。虽然它们不那么让人兴奋，却能调节运算过程。

实　力　坚　强　的　选　手

　　根据长久以来的传统，算术定律包含结合律（associative law）、交换律（commutative law）、分配律（distributive law）、三一律（trichotomy law）和消去律（cancellation law），总共五项。

1

结合律和交换律都负责控制"超基础数学"运算中的特定反转过程——也可以说是**对称**，这个词相当可怕，足以让物理学家走上公开法庭，希望能看到新的东西。

我们通常会以人脸这类静态而熟悉的平面来思考对称。沿着鼻子划分人脸，可以分成对称的两半，两者互为镜像。结合律和交换律中的对称不是这样，它们是动态对称。它是行动的对称，因此也是时间的对称。

我们绕着城市街区行走时，行走的顺序是北、西、南、东或是西、北、东、南，多半没什么影响。路程虽然不同，但结果相同，都是走了一圈之后又回到原处。

我觉得没必要花工夫绕着街区走。

正方形的街区可以到我面前来，**我**有空时可以在空间里把**它**旋转一下。

如果说街区旋转可以提供完全对称的范例，那么要在我们生活的现实世界中找到对称失效的地方也是轻而易举，因为在这些地方，活动的进行顺序会有影响，而且通常影响很大。

一名海军陆战队新兵用 M16 步枪瞄准**后**射击，这一过程中他做了两件事：瞄准和射击。刚刚才记住他的名字的教官说道："蒙克顿，你做得很不错，继续加油，下次就会打中靶了。"他的同伴手上拿着武器，因为愚笨而决定**先**射击**再**瞄准，所以做法刚好相反：他先射击再瞄准。如果说教官不愿意鼓励他几句，实在是因为这个意外让他说不出话来。先瞄准再射击和先射击再瞄准虽然内容相似，结果却完全不同。

结合律和交换律要表达的，就是这种区别。

结合律用于加法和乘法，在有三个或更多数要相加**或**相乘时发挥作用，功能是消除模棱两可。这类情况不限于复杂的计算，而是连 5+3+2 这么简单的运算都可能出现。

所谓模棱两可是这样的：5+3+2 的和有两种不同的计算方式。**第一种**是将 3 加 2，**再**将结果加 5。**第二种**则是 5 加 3，**再将**结果加 2。**两种方式**，结果都是 10。

加法运算不受结合律影响。

三数相加时，两种方式都可使用。

只要加起来就好。

当然，如果你愿意，还可以更进一大步，让结合律含括**所有**自然数。

对任三个自然数，结合律证实 x、y、z 三者：

$$(x+y)+z=x+(y+z)$$

结合律相当清楚明了，可以当成运算指引。它确实能消除潜藏的模棱两可，但非显而易见。结合律的结果也有可能不同，而且在除法和减法中，它**确实**是不同的。12 除以 6 再除以 2 不是 12 除以 3，跟结合律所说的不同。

2

　　交换律和结合律一样，负责掌管加法和乘法中顺序反转的情况。5+3 和 3+5 的结果是同一个数。对任两数 x 与 y：

$$x+y=y+x$$

　　交换律验证了 5 加 3 等于 3 加 5 这个事实。由于这里要探讨的是加法和乘法，因此应该不会有人质疑交换律。不过交换律和结合律一样，在减法和除法中并不成立。交换律同样具有动态对称，因为它证实了两种计算方式结果相同。爬楼梯时，先走 5 级再走 3 级，跟先走 3 级再走 5 级，两者没什么不同。

　　如果交换律和结合律这么**相像**，那么就各方面看来，两者之间有什么差别？我不确定它们是否有什么非常大的差别。这两个定律都告诉我们，执行运算的顺序在数学上没有差别。结合律是以移动括号位置的方式来表示顺序无关紧要；交换律则以反转数字顺序来表示。对记号一致性情有独锺的数学家，很可能将交换律写成 $x+(y)=(x)+y$，以没有实际作用的括号取代数字，依照交换律呈现的内容反转其顺序。

3

消去律看来似乎不足道，跟它在接下来的程序中扮演的重要角色差别很大。2+3=(1+1)+3 这个命题不需要花很多脑筋来思考。2+3 和 (1+1)+3 两数完全相同，而且算式有终结。

不过更进一步地说，消去律指出，若是如此，则 2 必定等于 (1+1)。消去律让我们能由不同的数值身份（numerical identity）消去共同的系数，因此可以说是原始形式的除法。

或更概括地说，它指出，对任三数 x、y 和 z，且 $x+z=y+z$ 时，可得

$$x=y$$

乘法也是如此。

然而，尽管消去律对正数成立，但我这样描述是**错的**。虽然 5 乘 0 等于 1100 乘 0（毕竟两者的结果都是 0），但不表示 5 等于 1100。

对这些特定数成立的性质，对所有的数都成立：$x0=y0$ 不表示 $x=y$。

将消去律画在自然数这张画布上的时候，0 成为一大阻碍，再次证明这个不起眼的小数字在"超基础数学"中扮演的角色十分奇特。

4

三一律使家人分裂成互相争斗的派系，就像设计严谨的企业集团。

就 7 和 5 而言，**不是** 7 等于 5，**就是** 7 等于 5 加其他某数，**或是** 5 等于 7 加其他某数。这一点显见为真，感觉上这项定律似乎有点多余。直到 19 世纪末，数学家才发现这个显而易见的定律，他们认识到必须加以证明，并提出了必要的证明。

三一律不仅强化了**就是**这样的观念，而且强化了这对所有的数都必然成立的观念。可能的情况一共只有三种，不会有第四种。

对任两数 x 与 y，不是

$$x = y$$

就是

$$x = y + u$$

加上某数 u，或是

$$y = x + v$$

加上某数 v。

三一律还有另一种以顺序概念为主的表达方式。

对任两数 x 与 y，不是

$$x = y$$

就是

$$x \text{ 大于 } y$$

或是

$$y \text{ 大于 } x$$

不过三一律**不适用**于乘法。

试试看就知道了。

5

分配律是第一个将加法和乘法合并及分开思考的定律。

$3 \times (2+5)$ 这个算式必须进行两次运算，同时将运算责任分开。

先进行加法，得出一个数以便进行乘法；接着进行乘法，只要把计算完成就可以了。

将乘法分配**给** 2 和 5，**再**将两者相加，使 $3 \times (2+5)$ 可以表示为 $3 \times 2 + 3 \times 5$，有什么重要性？

支持分配的理由是，$3 \times (2+5)$ 等于 21，而 $3 \times 2 + 3 \times 5$ 也是。任何人检视范例都看得出来，所以它任何时候都成立。

这就是分配律的断言。对任三数 x、y 和 z：

$$x \cdot (y+z) = x \cdot y + x \cdot z$$

必须注意的是，分配律只能**由**乘法**对**加法进行分配，反之不可。加法不能对乘法进行分配：$3+(5 \cdot 2)$ 不等于 $(3+5) \cdot (3+2)$。

个中差异悬殊。

15

定义递降带来一个问题：

文字游戏如何含括无限运算？

数学家可以借助递归定理，

令人信服地
表示一切
没问题。

超　　越　　兄　　弟　　会

在加法或乘法的定义之外，"超基础数学"仍然运作良好。加法的结合律确认 $(3+5)+2=3+(5+2)$，证实大多数人的想法没错。$(3+5)+2$ 和 $3+(5+2)$ 这两个数确实完全相等。对于在一个式子中有结合关系的任三数进行相同的活动——也就是**用眼睛观察**——结果一定让人满意，因为结果永远相同：得出的两数是相等的。不过结合律含括了**所有**自然数。无论我们观察什么范围和什么对象，一定有些数是观察不到的，也看不出它们的结合关系。数学家研究数学时拥有超越有限限度的能力。他们是超越兄弟会。他们的主张引起了同等程度的焦虑和惊愕：

它们是否？

它们拥有？

如何？

以及不可或缺的——

请证明。

归　　　　　纳　　　　　法

"超基础数学"中的许多证明是以归纳法来进行。一般来说，数学界许多证明都采取这种方式。数学归纳法原理（principle of mathematical induction）说起来简单，要理解它却非易事。

自然数的某项性质是否为真？这项性质是否对**所有**自然数都为真？一个个计算显然行不通。数有太多，我们的时间太少。归纳法原理提供了答案：只要数学家能完成两个步骤，答案就是**对**。

步骤一：演示某项性质（也就是我们要探讨的性质）对 1 或 0 为真，建立归纳基底（induction base）。

步骤二：证明**若**此性质对一任意数为真，**则**对下一个数亦为真，建立归纳假设（induction hypothesis）。

演示归纳基底和**证明**归纳假设之后，也就是完成上述两步骤之后，归纳法原理就能肯定此性质对所有的数为真。它完全为真。这就是超越兄弟会的超越之声。

这个原理中的某个概念非常古老。欧几里得在《几何原本》中演示的各种命题里已经有这个概念，虽然不被承认，却具影响力。17 世纪时，**帕斯卡**（Blaise Pascal）为数学归纳法取了个很威风的名字，称其为有限递降法（the method of finite descent）。他不认为除此之外还需要做些什么。跟随帕斯卡的伟大数学家将数学归纳法当做随身良伴来运用。最后，是狄摩根认识到，数学归纳法是一种推论原理，同时他有信心透过他的充分理解，以现代术语表达这个原理。

其实是狄摩根**以及**皮亚诺，我必须立刻把他加上，因为数学归纳法原理完全含括在皮亚诺第五公理，也是其中最后一个公理中。这个公理总是有种分裂本质，它不仅说明何者成立、何者不成立，**也是**一种进行的规则或方式。皮亚诺第五公理的第二个化身，证明了数学归纳法的使用是合理的。

倒　　　下　　　的　　　骨　　　牌

数学归纳法的标准面貌是一列多米诺骨牌。这列骨牌有开头的第一张，但没有结尾，每张骨牌都立着，一张接一张地排列到外太空。接着第一张骨牌倒下。这个画面希望呈现的景象——而且最厉害的是确实呈现出来了——是骨牌开始一张张倒下，一个大波浪从第一张骨牌开始沿着直立的骨牌微幅前进。

网络上不时会有中国年轻学生制作破纪录多米诺骨牌秀的影片。我记得有一段影片是骨牌从北京大学的讲堂开始倒下，一路绵延到天安门广场中央，最后一张倒下的骨牌将敲响一面锣。可惜后来出现一桩意外，有一位裁判（骨牌秀毕竟是比赛）不小心弄倒了报国寺附近的一张骨牌，使骨牌分裂成**两个**方向，害这组成员最后未能缔造世界纪录。

无论他犯了什么错误，这个景象和它试图传达的信息一直留存到现在。若第一张骨牌倒下，且若推倒任一张骨牌即可再推倒下一张，则所有骨牌必定倒下。

我经常想着，这个说法在**物理学**上是否成立。动量在任一骨牌长龙中传递，而这意味着骨牌可能会持续倒下；但动量在任一骨牌长龙中同样必会**衰减**，而这意味着骨牌长龙延伸到外太空时，它呈现的波浪会逐渐减慢，最终会停顿下来，直到还有很多很多张骨牌直立着。

这些疑问表达了以物理方式类比数学运算时的必然限制。

棘　　　　　　　　　　　　　　　　　　　　　轮

数学归纳法原理是公理，所以它是一种假定。它可由更进一步的假定推导得出，但如此只会形成一连串逻辑相依性。* 为了应用这个原理，数学家必须演示有一个推论的基底存在，并且必须证明归纳假设。不过即使这么做了，并作出结论，说他已为**所有**自然数确立了某项东西，他的结论却其实不会改变，仍然是个假定。

虽然我们无法演示假定，但可以评估。这个原理看起来是不

---

* 其后有推导过程，请继续看下去。

是可信？它是不是有说服力？的确，数学家早已习惯归纳；归纳法的大胆没有让他们感到困扰，反而觉得**这个**公理拥有某种数学魔法，但仍然适用于所有自然数。有些读者希望听见代表不容置疑的断言所发出的**喀嚓喀嚓**的推论声，但他们可能会认为根本没听见什么**声音**，也完全感受不到让我们认为它不证自明的情绪安全感。

后来所谓的"棘轮"（Ratchet）出现了，这种装置的目的是演示归纳法的可信度，却毫不试图提出证明，因为要证明它是不可能的。

加法的结合律证实，对任两数 a 与 b 及任一数 z：

$$(a+b)+z=a+(b+z)$$

棘轮一个个呈现数如何符合结合律。它**实际展示**了归纳法的证明，并且借由揭露隐藏的机械、钢铁齿轮和**喀嚓声**，使过程感觉格外生动。

棘轮演算一开始假定数学家**已经**为结合律提供了归纳基底：

$$(a+b)+1=a+(b+1)$$

并且**已经**演示它的归纳假设：

$$\textbf{若}\ (a+b)+n=a+(b+n)$$
$$\textbf{则}\ (a+b)+n+1=a+(b+n+1)$$

n 与 $n+1$ 这两个符号指涉任两个连续数，例如 74 和 75。

到目前为止，最终结果还没有展现出来。现在齿轮开始转动，棘轮显示结合律对 **2** 为真。

那些齿轮正在运转：对任一对连续数，结合律有条件为真。这是归纳假设的负担。

所以它对 **1** 和 **2** 当然为真。

但依据归纳基底的假定，结合律对 1 本来就**为真**。

所以它对 2 **为真**。它**在逻辑**上为真。

下面是针对 1 和 2 建立的归纳假设：

$$\textbf{若}\ (a+b)+1=a+(b+1)$$
$$\textbf{则}\ (a+b)+2=a+(b+2)$$

而其归纳基底为：

$$(a+b)+1=a+(b+1)$$

转动之后成为：

$$(a+b)+2 = a+(b+2)$$

这里运用了纯粹逻辑中名为肯定前律式（Modus Ponens）的原理：由 P 以及若 P 则 Q，可导出 Q。

若结合律对 2 为真，则依据相同的推理，它对 3 必为真。若对 3 为真，则对 4 为真，且若对 4 为真，则对 5 为真。

现在棘轮全速运转，在一连串自然数中不断前进，每次前进一格。这部孜孜不倦的逻辑机器，机械并不先进，成就却令人刮目相看。

棘轮是结合律的证明吗？不是，当然不是。结合律的证明早在棘轮问世之前就已经存在。

我听到一阵不满意的低语。

呃，伯林斯基博士，您的意思是说它其实什么都没有呈现，对吗？

说对了一半：它其实什么都没有**证明**。

不过在更深一层意义上，这句话也可以说是对的，因为棘轮是一种揭示工具，也是一种实际展示。谈到归纳法原理时，数学家会忠于他们的超越兄弟会。使用数学归纳法进行证明是一种跳跃，有点类似**信仰的跳跃**（leap of faith）（意指非常强大的信仰会有一百八十度大转变发生。——编者注）。说它是**跳跃**，是因为归纳法必须从有限跨越到无限。说它是**信仰**的跳跃，则是因为以棘轮揭示的内容而言，归纳法**不可能**超越有限的范围。

结合律的**证明**展示了数学家辉煌的黄金头盔，棘轮则暴露出他的泥足。

信仰的跳跃就是这个样子，没办法再把它变得更好或更安全。

而这一点也十分重要。

良   序

皮亚诺第五公理，也是其中最后一个公理，将它的本质分成描述和规则。这个规则看来似乎是数学家的朋友（实际上也往往是他最好的朋友），因为将规则当成归纳法原理时，它可以为数学家提供一种方法，用于构思然后演示关于所有的数的要求。证明是数学家的工作，但如果没有构思证明的方法，他该怎么办？

以证明的技巧而言，归纳法的可信度必须取决于深植在皮亚诺第五公理中的断言：**若**一集合包含 1，且若当此集合包含一给定数，它也一定包含该数的后继数，**则**此集合包含所有的数。

这个断言一点也不理所当然，也是因为这个原因，这个公理直到 19 世纪才有适当的公式表示。公式化之后，**它似乎**就理所当然了，因为实际上它所表达的纯粹是人们对于后继的信念：如果允许它持续下去，后继将可产生所有自然数。

奇怪的是，数学归纳法原理本身可由一种更广义的假定推导得出，某个系统中的公理，在另一个系统中却是定理。

它的背景是集合论，而那个广义假定是良序原理（well-ordering principle）。若一集合中每一个非空子集都包含一个最小元素，则此集合为良序。

自然数就是一个例子——以它们的重要性而言，应该是最好的例子。偶数 2、4、6、8……中最小的元素是 2。奇数中最小的元素是 1。偶数和奇数都是自然数的子集，是整体的一部分，是一整块派里的一小片。除此之外，全体自然数包含 0 或 1 为最小元素。所以自然数是良序的。

但负数**不**是良序的，如果需要的话，已经有人证实过，由于某种含糊不清的理由，所以负数完全不是良序的。负数从 -1 开始，但对任一数 n，一定有一小于 n 的负数 $n-1$。

根据良序原理，皮亚诺第五公理接着就以定理身份现身，而且几乎是立刻变身。

皮亚诺或许是最后一次被允许重复自己的东西：一正整数集合 S 包含 1，且若当此集合包含 n，它也一定包含 $n+1$，则此集合包含所有正整数。

根据良序原理，证明它就是这样的方法设想得相当巧妙，因为它透过一种矛盾的方法证实我们要探讨的问题。

归纳法原理会不会根本是**错的**，S 其实不包含所有正整数？

很好。设集合 K 由**不在**集合 S 中的正数（也就是**剩余**）构成。

若没有剩余，证明结束。

现在假设**有**剩余。若是如此，依据良序，集合 K 中最小的元素是 m。

它是 1 吗？

不可能。依据假定，1 原本就在**另一个**集合 S 中。

但，则 m 必定大于 1。

而在此同时，$m-1$ 必为正数。因为 0 与 1 之间当然**没有**正数。

但请注意，这表示 $m-1$ 也在集合 S 中。

所以呢？它在集合 S 中。

但若 $m-1$ 在集合 S 中，则 m 也是，因为 m 恰是 $(m-1)+1$。

这样就足以构成矛盾了。

左边：数 m 在集合 K 中。

右边：数 m 在集合 S 中。

同一个数不可能同时在 S 和 K 两个集合中。

这个论证对验证数学归纳法原理大有助益吗？或者它只是个手法而已？

老实说，我猜是后者。

数学归纳法原理以自然数为探讨对象：它探究自然数，而且仅限于自然数。良序原理提供了外星世界的十足保证，但外星世界是以集合为主要探讨对象。不过不消说，我希望，那些需要帮助的数学家已经做好万全准备，别去看他群众中的那些外星人，而且要把良序原理当成一个体面和善的好家伙。

16

在这些枯燥乏味的细节中，

不妨体会一下它们隐含的热情，

以及它们引发的戏剧性事件。

热 情

索菲亚·卡巴列夫斯基（Sofya Vasilyevna Kovalevsky）1850年出生于莫斯科，1891年在斯德哥尔摩过世。这座城市在数学史上不怎么幸运。1650年，笛卡儿因为严重支气管感染，在这里去世。一位极富天分的女性数学家**及**作家，桑雅·卡巴列夫斯基（Sonya Kovalevsky）（桑雅·卡巴列夫斯基即索菲亚·卡巴列夫斯基，索菲亚是原名，桑雅是她移居瑞典后自行更改的名字），生活在有如俄国音乐剧的重重限制中，她既是这出戏剧的女主角，也是受害者。

这出音乐剧中有财富、特权和豪宅；有一位专制的父亲，他的心情随时会破坏整个家庭的宁静；有喜爱音乐的母亲，她是俄国著名天文学家的女儿；有一位姐姐安雅（Anya），是备受宠爱的长女；还有一位弟弟费德亚（Fedya），家中的小王子和继承人，双亲对大安雅和小费德亚的疼爱极度不稳定；有一位严格、拘谨、缺乏幽默感的家庭女教师，疯狂地要求礼仪和纪律——**肯定**会有；还有每出俄国音乐剧一定有的角色：一位古怪但风趣的叔叔，为一个渴望疼爱却不受喜爱的孩子讲童话故事，特别配合她的肥短手指布置西洋棋盘，在迷迷糊糊中谈到"化圆为方、渐近线等等我无法理解但看来神秘同时又深深吸引我的事物"。

桑雅小时候接受的19世纪数学启蒙教育，是来自思想观念十

分守旧的泰尔托夫教授（Professor Tyrtov）所写的教科书。这位
教授恰巧是名地主、有钱人，住在附近。他原先认为女性不可能
理解数学，但后来对桑雅非常赞赏，因为羞涩却毅力惊人的桑雅
仔细研读教科书中复杂的公式，解出书中的问题。泰尔托夫发现
她的天分后，说服她父亲让她继续受教育。桑雅成了当地受保护
的人物，许多善意又聪明的保护员轮流负责照顾她。

　　尽管如此，她父亲仍要等到四年之后才完全同意，但最后他
决定做一件果敢而困难的事，让桑雅到圣彼得堡学习分析几何和
微积分。她在那里上课（这是当然），有人陪伴，生活舒适惬意，
不过受到控制。她的生活和那些在吵杂喧闹的大团体中念书的人
大不相同，但这却只让她的渴望及她那令人同情的痛苦热情愈来
愈旺盛。

　　没有人怀疑桑雅是否真的优秀——至少她的俄国老师毫不怀
疑。也没有人怀疑她是否有资格接受大学教育。不过当时的俄国
大学并不收女学生。如果桑雅不能在家自学，就必须到国外念书。
19 世纪的俄国和今日的伊斯兰国家一样，未婚女性要接受教育及
自由往来各地都很困难，这可能是因为男性认为女性魅力是极度
不稳定的力量，因此每个父亲一想到**他的**宝贝女儿慵懒地靠在每
晚从圣彼得堡发车的跨国卧车座垫上，用优雅遮盖下的四肢撩拨
着脑满肠肥的俄国商人、军官、诈赌者、地主、官僚、瑞士官员，
甚至叫卖各种茶和点心推车的服务生，就坐立不安。

一位女性单独乘车，而且（真是出乎意料！）正在读一本数学专著，这在当时人眼中，简直就是一种再明白不过的勾引行为，即便是受过教育的男性也很难不这样想。安娜·卡列妮娜就曾长时间单独乘坐夜车从圣彼得堡前往莫斯科，虽然她已经结婚了，但有谁愿意错过火车的喀答声、旅行、时间，还有背叛呢！

桑雅自由自在一个人在国外居住时究竟会做些什么，已成了家人演练色情想象的对象。解决方案可说是个相当巧妙的计谋：她被安排嫁给弗拉迪米尔·卡巴列夫斯基（Vladimir Kovalevsky），他原先学习生物，后来成为古生物学家，也是达尔文（Charles Darwin）的热情支持者。桑雅放弃了解放权，却获得自由。她远去海德堡，那里在 19 世纪时是座美丽的大学城，直到 20 世纪仍然幸运地未受污染。

她的教授写了评价极佳的推荐信，让她得以见到德国数学界泰斗魏尔斯特拉斯（Karl Weierstrass）。亲切、邋遢又衣衫凌乱的魏尔斯特拉斯以一组准备出给高级学生的问题来考验桑雅，当她轻松写意地解出这些问题时，魏尔斯特拉斯立刻大胆判定"她的个性（强韧到）足以提供必要的保证"，可接受高等教育。除了已有的好几个叔叔，桑雅现在又多了另一位颇具影响力的新叔叔，因此她出现在欧洲数学界时，很快成为众多叔伯注意的目标。

后来，她炽烈的个性毁了她短暂的一生。她为了便宜行事而不得不接受的乏味婚姻，还是有它自身的要求，而她和弗拉迪米尔都惊讶地发现，这桩两人都不喜欢的安排，变成让双方身心俱疲的虐待。

在海德堡住了四年之后，这对夫妻回到圣彼得堡，桑雅几乎立刻就发现，这个社会不仅不愿意让她受教育，也不愿意给她工作。她生了一个女儿，她似乎很爱这个女儿，但又很忽视她。她写了几部戏剧和文学作品，也开始写小说。后来她和其他天资聪颖的女性一样，相信自己的天分可以无往不利，因此她和先生做了几次生意，不过每次都失败，甚至有一次还以大灾难收场，他们的婚姻就这样在压力之下有了裂缝。

最后，弗拉迪米尔于 1883 年结束了自己的人生。

我们不能说桑雅的人生没有光荣，只是说她运气不佳。她再次从圣彼得堡逃往巴黎，她姐姐在那里认识许多怀着革命思想的波希米亚人，他们支持暴力，但对工作不感兴趣。她重新回到数学领域，并以她吸引叔伯的天赋，吸引了魏尔斯特拉斯的一位学生，同时也是颇具影响力的数学家米塔－列夫勒（Gösta Mittag-Leffler）。米塔－列夫勒成为她最后的拥护者，后来总算说服斯德哥尔摩大学给她临时教职，在她万事俱备、只欠体面的学术生涯中，这种奇怪的安排相当常见。

她继续工作，在常微分方程（ordinary differential equation）和偏微分方程（partial differential equation）方面获得许多值得称道的成果。1888 年，她获得法兰西科学院的**伯丹奖**（Prix

Bordin）。法国人和俄国人一样，愿意奖励成就，却从不培育成就。她在斯德哥尔摩获得正式教职，同时被选为俄国科学院院士。身为学术界成员，她希望能在学术界获得一席之地，但这始终没有实现，她所处的环境交杂着轻蔑和屈从。1891 年，她因肺炎猝逝，现在我们对她的认识，只限于印在俄罗斯邮票上的脸孔，以及月球背面以她命名的那个陨石坑。

我想，这些都属于到处可见的悲哀史的一部分，但她在自传《俄罗斯童年》（*A Russian Childhood*）中，却是以某种惊奇之感回想这些早年记忆。

当时她 11 岁，她的卧室需要贴壁纸，因为某种她不清楚的原因，墙上贴满了她奉行军事化教育的父亲学习微积分时的笔记和涂写。她叔叔曾经教过她数学，但没教过高阶数学或微积分的方程式。

"我留意到有些东西是叔叔曾经提过的。"她写道，"它引起我的好奇心，开始细看这些奇怪的符号，我完全不懂它们的意思，但我觉得它们一定代表一些非常聪明又有趣的东西。"

不过，说真的，我们不都是这样吗？很容易被我们不了解的东西吸引，并暗自希望它们代表某种非常聪明又有趣的东西。

17

加法的结合律指出,

对每一个数 z 及任两个特定数 a 与 b,

$$a+(b+z)=(a+b)+z。$$

如果它的意义就是如此,

下面证明。

证　　　　　　　　　明

　　加法结合律的证明在数学上是以归纳法来进行。因此，必须先说明这项定律对 1（或 0）为真，接着必须演示归纳假设。这个证明要用到几个簿记恒等式（bookkeeping identity），这些恒等式是很不起眼的细节，一点也不虚张声势。

　　先来谈谈标记。*a* 和 *b* 两个符号通常称为参数，以便与 *x* 和 *y* 等变量区别。变量是会变动的，参数则用以指涉特定的数。这些符号为数学家提供了更强的明确感，就像律师在陪审团面前举出假想案件时说：**假设 A 走进酒吧，跟 B 打架。**在场的听众应该没人会去想说 A 和 B 到底是谁，但是毫无疑问，大家都知道 A 和 B 代表两个人。逻辑学家指出，变量 *x*、*y* 和 *z* 可能是所有的数；接着他们说，参数 *a*、*b* 和 *c* 指涉某几个数。参数有时用来把一道数学式中的某个部分与特定数联结，而变量则容许其他部分任意变动。*ax* 这个式子就是这样，*x* 指涉**任一**数，*a* 指涉**某**数。

　　这些都是为了方便而作的区别，其实并不重要。即使将加法结合律写成 $x+(y+z)=(x+y)+z$，一样可以证明这项定律。但参数有个优点是变量比不上的，就是它们似乎更容易让人欢欣鼓舞。

　　证明是这样的：首先，皮亚诺第五公理指出，若任一由数构成的集合包含 0，且**若**当此集合包含某一数，它也一定包含该数的后继数，则此集合包含所有自然数。

因此，可以完全合理地假设确实存在一满足结合律的数的集合 A。

我们还**不知道的是**，**这个集合**，**我们的集合**，**那个集合** A，是否包含**所有**自然数。

显而易见地，0 属于集合 A。无论 a 和 b 是哪些数，$a+(b+0)$ 和 $(a+b)+0$ 这两个数一定相同。"真相（是）恶名昭彰且不容怀疑，"如英国评论家约翰逊博士（Dr. Johnson）在其他情况下所说的："可以轻易证明它（是）不需要证明。"

这个观察结果提供了归纳论证的归纳基底。

归纳假设还没有解决，而且必须加以演示：

若 z 属于集合 A，则 $z+1$ 也属于集合 A。

这就是论证的支点，也就是施力之后出现杠杆效应的位置。

为了验证归纳假设，必须假定 z 本身属于集合 A，且对**任一**数 z 均成立。

数 z 属于集合 A 的假定是**为了论证之故**。毕竟现在要探讨的是假言命题：若一数 z 属于集合 A，则 $z+1$ 也属于集合 A。要演示假言命题，只需要假定其前项——也就是 z 属于集合——A 再推导出其后项：$z+1$ 也属于集合 A。如逻辑学家所言，这个前项的假定是**有条件的**，目的是说明这个假设**整体**为真。

因为依据假定，**数 z 属于集合 A**，可得

$$a+(b+z)=(a+b)+z$$

对数 z 成立的性质，对下一个数**必定**成立：

$$a+\left[\,b+(z+1)\,\right]=(a+b)+z+1$$

要**证明**它必须具备一些常识。

进行过程大声宣告出逻辑定律。

很好。陪审团已经知道要探讨的是**恒等式**，这个恒等式断言 $a+\left[\,b+(z+1)\,\right]$ **等于** $(a+b)+z+1$。

同时他们也知道，为了确认两者相等，可以从一方开始，然后借由一连串恒等式，推导出另一方。

所以开始是

$$a+\left[\,b+(z+1)\,\right]$$

请注意，依据加法的定义，$a+\left[\,b+(z+1)\,\right]$ 等于

$$a+\left[\,(b+z)+1\,\right]$$

但 $a+\big[(b+z)+1\big]$ 等于

$$\big[(a+b)+z\big]+1$$

因为 z 是集合 A 的成员。

但接下来，同样依据加法的定义，$\big[(a+b)+z\big]+1$ 等于

$$(a+b)+z+1$$

所以，将一连串逻辑上的**恒等式连接起来**，可得

$$a+\big[b+(z+1)\big]=(a+b)+z+1$$

完成了。

而且还很快。

这个证明很可能不容易理解，但它其实一点也不难。唯一困难的地方在于，与细节有关的短期记忆不容易维持到证明的重点出现。

我来更新一下大家的短期记忆。这个证明的重点是要说明结合律对所有自然数均为真。大家应该都还记得这一点。

大家应该也都记得，这个证明是以归纳法来进行：首先说明它对 0 为真，接着说明**若**结合律对最后一个数 (n) 成立，则对下一个数 ($n+1$) 也成立。

这个证明运用了什么技巧？首先是条件式假定：设结合律对数 n 为真。接着是一连串恒等式，将结合律对 n 为真的假定与结合律对 $n+1$ 为真的结论联结起来。

因此，这个证明最主要的动作是：陈述事物、假定前项、记住定义、达成结论。

再简单不过吧？

不过说完这句之后，我必须立刻加上一句：还有什么比这更复杂？

要证明加法的结合律，必须借助加法的定义。很好。现在有方法了。但要将加法的定义合理化，细心的观察者必须牢记递归定理。很好。现在记住了。但接着为了更进一步，证明中必须使用归纳法。很好。那就用归纳法。但要用归纳法来证明，我们需要皮亚诺第五公理。

没错，这里没有任何不能接受的东西，但无懈可击的事物经常很具启发性，这当中的启发性就是：即便加法的结合律看起来如此理所当然，但要完整证明它，却需要极为绵密严谨的结构，这两者之间有一种十分醒目、甚至令人赞叹的对比。

律师和逻辑学家一直在探讨简单的加法，而且说了半天，都没说出什么比 $2+(3+5)=(2+3)+5$ 更为高明的东西。但是关于这一点，根本没人曾经质疑过。

只有数学家无法觉得这样已经够好了，不再追根究底。

而现在，你也不能。

18

自然数就是自然数；

0 就是 0。

它们的存在
难以捉摸，

也没有形状。

0 的 另 一 边

尽管0难以捉摸又没有形状，它们仍有自然数的几何表征（geometrical representation），一种**描述**。平面上有一给定点，从该点延伸出一直线，几何学家称这条线为"半线"（half-line）。这个点相当于0。接着在这条在线标出单位，第一个区间相当于1。"这个单位究竟多大"的问题并未出现。这条线可以用什么更进一步的单位来度量？有了给定单位，这条线的其他部分就能以该单位的倍数来划分，第二、第三和第四个区间相当于2、3、4。

这是几何的思考方式：在**看到**某物之前，我们不知道它是什么。点和线用实际的方式使数具体化。这种想法非常古老。五千年前的苏美尔人大概可能咕哝着说，**我们在这边**，用粗短的食指插进地里，**接着我们一路走到那边**，迅速果断地用食指画出一条穿越沙漠的直线。半线戏剧化地传达了数本身只能隐约透露的东西，也就是新开端的希望。战争、婴儿、戒毒计划、文明和宇宙本身，都是从0这个点开始度量；革命之后经常会更改年号，从0年开始，象征伟大的一页即将展开。除了有其他功能之外，在原先全无的平面上不经意出现的0，代表终极的超自然奥秘，也就是无中生有。

几何学与地图制作只有一线之隔，0在地图上被标示成旅程起始的那个小点或中心。由此延伸而出的半线就好像轻松消失在蓝色远方的高速公路。当然，在现实生活中，旅程一定会在好几家汽车旅馆暂时停下，在这些地方，晚上可能会听见卡车的降档声或马桶冲水的响声，通常是交替出现。

若说半线体现了从一开始记录事物的渴望，它也总是意味着一种禀性开朗的心智活动。0 的**另一边**今日给人一种逐渐朝黑暗沉沦的寒颤感，当数线接近结束时更是如此。从巴黎戴高乐机场开始，我们穿过周围的大气上升，愈来愈接近光亮，发出巨响的巨无霸波音 747 终于冲出云层，但穿过 0 进入黑暗的一边时，我们将通过可能使幽闭恐惧症发作的矿井、老鼠洞或獾穴往下降，所有这些会一直朝下延伸，直抵地心深处。

下降时当然不可能朝向光亮。

黑　　　暗　　　的　　　一　　　边

负数是 −1、−2、−3……这些数。它们向来会带来不舒服的感觉。

方程式 $4x + 20 = 0$ 表示 4 乘某数再加 20 等于 0。会得出**哪个**数？这个问题应该不会让人困惑。$4x + 20 = 0$ 是单纯的恒等式，这个恒等式与另一个非常类似的方程式 $4x - 20 = 0$ 很相近。不过方程式 $4x - 20 = 0$ 有个明显的解，就是 5。4 乘 5 再减 20 是 0。而无论 $4x + 20 = 0$ 的解是什么，这个解都非显而易见。

和欧几里得一样住在亚历山大的希腊数学家丢番图（Diophantus），细思过 $4x+20=0$ 这个问题；他立刻了解到，**若**这个方程式有解，**唯一**解将是负数。我们没办法听见他心里的自问自答，但可以想象得到约莫如下：

我想想……

从方程式两边减去 20。

为什么？

因为这样不会有什么妨碍。

我可以这么做吗？

有何不可呢？

我只是问一下。

等于加上等于还是等于。或者可能相反。无论如何，它都符合欧几里得几何学。

这样就是 $4x=-20$。

接下来呢？我是说除了放弃以外。放弃当然**永远**没问题。

或许把方程式两边除以 4。这样应该也可以。

这样变成什么？

嗯，结果是……看起来应该是 -5。

这样一定是错的，对吧？

反过来讲，它也不会是错的。

有何不可呢？大多数事物是……

面对这些困难，丢番图做了许多数学家（和学生）后来会做的事：将负数视为荒谬而拒绝接受，但他带着不舒服的感觉意识到，数学毕竟还是需要荒谬的东西。

他并不孤单。7世纪时，印度数学家婆罗摩笈多（Brahmagupta）就曾正确使用负数，不过他一直觉得这些东西是不洁的，认为等到把事情弄清楚之后，就应该把它们全部去除。

五个世纪后，伟大的印度数学家婆什迦罗（Bhaskara）已了解该如何求出某些二次方程式（如 $x^2=25$）的负数根（或解），不过他不敢违抗公众的看法，所以他拒绝接受自己的结论，因为"人们不认可负数根"。

这些例子都太久远了吗？一点也不。18世纪末，微积分问世100年后，英国数学家马塞瑞斯（Francis Maseres）写到负数"使整个方程式的原理变得不明确，并让原本十分明显而简单的事物变得不明确"。

皮 耶 ， 坏 兆 头

现在的小孩都会学到负数。据说小孩不觉得负数有什么好大惊小怪（有人可能会觉得这不是什么伟大的优点）。这些数或许仍然是负的，但已经不再不明确，尤其是完整的数线得以取代半线之后。0 和自然数仍然存在于原来的地方，不过 0 的另一边已经变成另一条半线的康庄大道。负数就位于这条半在线。法国的高速公路现在会在负数要走的车道，放上记念死亡车祸的十字架。

皮耶，这"真是"坏兆头。即便开你的新保时捷也一样。

这当中存在着吸引人的对称，而且在图像和诠释中都有。如果在原点将数线对折，正数与负数将经历毁灭和创造，和量子理论中的粒子一样。"想想看 1 和-1。"美国小说家厄普代克（John Updike）曾写道："它们相加成为 0，无，空，没有，对吧？"

毁灭。

"想象它们碰在一起，再想象它们分开，将它们拉开。现在你有了某物，你有两个事物，原本你什么都没有。"

创造。

无论创造和毁灭有什么奥秘，数和线的相互贯通代表算术与几何之间的关系逐渐改善。或许有人会问，数如何在在线找到自己的位置。用暗房术语来说，这个过程可称之为**定影**（fixation），不过这些问题的重要性不及相互贯通这件事本身，也就是算术与几何之间互通信息的方式。

这或许意味着算术与几何之间有某种一贯性，这种一贯性远远超越"超基础数学"的资源，在逐渐破坏已确立的类别方面无疑是现代的，但在暗示"不可分割之物"、"不可名状之物"、"某一物"方面是古老的。

距   离

一名骑士骑在马背上，从 0 开始沿着数线出发，朝正数方向移动。这名骑士和哒哒的马蹄声，向下沉的太阳奔去。

让我把这个可怜的大笨蛋拉回 0，让他的马转到反方向。现在他朝着升起的月亮奔去。

他朝什么方向跑应该没什么不同，对吧？

从 0 开始；出发，前进，朝下沉的太阳**或**升起的月亮奔驰：

> 骑着，骑着，骑着，
> 在日里，在夜里，在日里。
> 骑着，骑着，骑着。*

在变成难以相处的人之前，里尔克（Rainer Maria Rilke）的

---

* 这首诗接下去是："勇气已变得这么消沉，愿望又这么大"［"旗手克里斯多福·里尔克的爱与死之歌"（*Die Weise von Liebe und Tod des Cornets Christoph Rilke*），里尔克，引自梁宗岱先生译文］。

骑士无论朝哪个方向奔驰，都已跑了 100 英里。一个人骑在马背上跑了**多远**，取决于他移动了多少距离，而不是朝哪个方向跑。

不过现在我们把另一名骑士考虑进来，一位数学家。让我把这个笨伯哄上马鞍。他朝沉落的太阳骑了 100 英里，但回到 0 之后，又朝升起的月亮前进。这位数学家和其他人不同的是，他跑了**负** 100 英里。负 100 比原点少了 100，所以他比 100 英里少跑 200 英里。

无论这位数学家可能怎么想，**他**都不是沿着数线奔驰。

距离跟几率一样，都不可能是负的。

负　　　　　　　　　　　　　　　　　　　　债

长久以来，我们一直认为负债一定是负数。我们经常听到眼睛雪亮的银行家这么说，通常是在电影里面。现在我们知道，真正的银行家最近已经不去深究负数了，因为这样会让他们想到负债，这应该算是用一种比较奇特的方式来验证负数的重要性。当然，古代和中世纪的商人都很清楚如何记录金钱的进出，不过直到 1494 年帕乔利（Luca Pacioli）出版《算术、几何、比与比例总论》（*Summa de Arithmetica, Geometria, Proportioni et Proportionalità*）之后，实际生活中的负债与思想层面中的数，两

者之间才出现清楚明晰的关联。帕乔利在 15 世纪数学界涉足的
研究领域相当广阔，但他除了是数学家，也是个实际的人。他受
教于商人，也教导商人的儿子，他的专著也因为描述复式簿记
（double-entry bookkeeping，也就是所谓的威尼斯簿记法）而广为
人知。顾名思义，复式簿记中必须将一笔会计交易记录两次，一
次标记金钱收入总账的来源，另一次为金钱由总账支出的目标。

帕乔利提醒，千万**别睡着了，不要忘记借方与贷方的和应该
是 0。**

这表示借方必须是**负数**才行。

负数在复式簿记制度中很好用，而且一般情况下一样好用。
我的总账**和**我的生活里有为数众多的负数，后面往往还跟着惊叹
号。但这些例子的重点不在于证明负数有用，而在于证实负数拥
有自己的身份。对簿记员而言，5 美元的负债，或是−$5，可以记
成 D$5，没人期待以这种方式创造新的数。

我为什么**会**需要用新的数来描述旧的负债？一个数可以用来
记录别人欠我的 5 块钱，当然也可以用来记录我欠别人的 5 块钱。
如果我已经花掉这 5 块钱，那么我就少了 5 块钱。而如果我一开
始什么也没有，那么我花的钱就不是我的。但无论如何，**它**已经
花掉了，而**已经花掉**的必须以相同的自然数在总帐中我这一边记
一次，并在我的贷方那一边再记一次。如果借我 5 块钱的笨蛋向
我要钱时想着一个数字，而我记得的是另一个数字，那么我欠**他**

的是**多少**？

我希望是没有。

这就是负数吊诡的地方。如果说数是量的度量，而且**有多少**这个问题的答案也是一种量的度量，那么它们就不可能是负的。

而若负数不是量的度量，那为什么要把它当成数呢？

马塞瑞斯不是写过负数"使整个方程式的原理变得不明确，并让原本十分明显而简单的事物变得不明确"吗？

我相信确实如此。

19

加法是把数加入数；

减法是由数取出数。

取走抵消
加入。

取 走

个中事物只能增多而不能减少的系统是不平衡的，而且更能反映出实体世界的偶然性，在实体世界中少有任何事物像"超基础数学"的细微区别一样逐渐增多。

减法跟加法同样是一种运算，这种运算是为了求得 x 与 y 两数的差，而不是两者的和。数学家（以及所有人）将这个差写成 $x-y$，"$-$"号是把"$+$"号去掉一笔变成的，少了脚和头，只留下向左右伸展的手臂，这些符号精确重现了它们指涉的运算。减法要取走某物。然而，减法的传统标记不怎么幸运，因为减法符号和负数符号刚好相同。-5 这个符号指涉某个数减去 5。"$-$"号是一对一的作用，它能改变 5 这个数的符号。但如果这个符号出现在两个数字之间，例如 $10-5$，它会进行双边运算，代表两个数会变成第三个数。当符号组合起来，用以表示从 $+10$ 减去 -5 时，结果是 $10--5$。这个断言表面上看来很像摩斯密码的传输内容，也很像数学的命令式。

至于 $-10--5$，只表示有人在牛排馆里插科打诨。

我的老天，桃乐丝，别再嘟嘟哝哝了。

这类模棱两可的状况代表缺点；它们往往造成困扰，但是程度不会很严重。商人和数学家发现，只要适当运用括号，就很容易解释它的意思，所以 $10--5$ 整理之后再现为 $10-(-5)$。

不过 **10 - - 5** 整理成 **10 - (−5)** 之后，很快就会再现为 **10 + 5**。也就是说，除了其他工作之外，将两个数变成第三个数的减法双边运算还有附加工作，就是忙着把负数变成正数。

当然，10 - (−5) 这个数等于 10 + 5 这个数，完全**是**正确的。

不过不是因为减法符号忙着身兼否定符号。**它**已经够忙了。

传统的符号系统维持其一贯的表现，笨拙又不灵活。

破　　　裂　　　的　　　对　　　称

将 6 加入 10 时，方向是朝上，每次上升一阶：10、11、12、13、14、15，最后是 16。

6 加 10 是 16。

现在 16 是给定数，用减法取出同样六个数，方向是朝下：16、15、14、13、12、11、10。

16 减 6 是 10。

就算以一般英语表达，也可以从这些琐碎的算术中看出存在一种对称——

6 加 10 是 16

16 减 6 是 10

这种对称正反都成立，只是把中间的**加替代**变成**减**，同时对调数的位置。

在以上叙述中，减法都是直觉运算，还没有定义。但要定义它十分容易。两个数之间的差得出一个数。减法和加法一样，是以两个数产生第三个数的运算。16 与 6 的差是 10。

对**任**两数 x 与 y，两者的差 $x-y$ 是 z，因此 $z+y=x$。从这个定义，可以得出以下特定情况。让我们设 x 是 16，y 是 6。两者的差 z 是 10；此外，10 加 6 **是** 16。

在这几个算式里，**只有**加法在运作。减法是"超基础数学"中的独立运算子，它的微妙之处还隐藏在外星种子里。

要知道，**16 减 6** 等于 10，**表示 6 加 10** 等于 16。如果不是这个意思，它就没有任何意义。有什么比发现我们可以从"超基础数学"中减去减法，只剩下加法，更能彰显加法与减法之间的对称性？

整　　　　　数　　　　　系

负数从-1 开始，而且跟正数一样延伸到无穷大。

德国数学家兰道介绍负数时说："我们……**创造了**（我加粗了字体）和正数一样与 0 有区别的数……"

我们**创造**？不是吧？

兰道所说的创造，难以避免又不容分说。没有负数，就没有减法，而没有减法，也就没有对称。

负数为减法提供了相对于加法的完整对等性。它们使加法回复本来的面貌。它指挥的运算让向上或向下都变得有意义。对**每一个** x 与 y，$x-y$ 这个运算指涉仅有一个 z 使 $y+z=x$。如果说以往 6 减 16 没有答案，那么现在有答案了。答案是一个数，这个数加上 16 是 6。这个数就是 -10，不可能是其他的数。6 减 16 是 -10，**因为** 16 加 -10 是 6。

现在是向上数对向下数。

"超基础数学"需要某种方法来复原加法的结果，现在找到了，一种破裂的对称也复原了。

自然数、负数和 0 全体构成了整数系。它们是一个**数系**，因为它们互相协调，而且它们的行为定律完全来自它们的本质。

接下来要评定的是，"超基础数学"如何为负数赋予身份。

负   的   身   份

首先，负数是怎么产生的？

负数 -1、-2、-3……在 0 减去自然数 1、2、3……之后出现。负数 $-x$ 是 0 减去 x 的结果，或说 $0-x$。但对每一个自然数 1、2、

3……，0-x 会产生一个对应的负数：0-1 等于-1，0-2=-2，每个条件都可为每一个自然数创造一个负数。但式子 0-1 本身，源自方程式 x+z=y 由 0 减去 1 的时候。我们可以直接念成 1+z=0，因此有某数 z 使这个方程式成立。这个数不可能是正数，因为 1 加任一正数大于 0。所以必定只剩下另外一种可能性，而依据传统，这个数称为负数。

负数的**顺序**是什么？这是第二个问题。

正数 1、2、3……是依大小排序。每个数比下一个数小，但比前一个数大。

整数（包括正数**和**负数）当中顺序的基础性质，完全推导自正数当中顺序的性质。两负数的差若为正数，其中一数小于另一数。5 小于 8，因为 8 减 5 是 3，而 3 **是**正数。更广泛地说，对每一个数 x 与 y，x 小于 y **表示**有某数 z 使 x+z=y。

不过，由于我们为方程式 x+z=y 赋予通用的适用范围，所以原本**仅**对正整数成立的顺序，将可套用在**所有**整数上。这个结果展现了惊人的力量。

据此排出负数的顺序。负数的顺序是向下：它们愈来愈小。

-1 小于 0。

是否需要证明这个宣称是合理的？请注意，-1 不等于 0，也不等于任一正数，否则它就不是**负 1** 了。而若是如此，它必定小于 0。

从相关的定义本身，可直接得出相同的结论：

第一：**依据负数的定义**，-1 等于 $0-1$。

第二：**依据减法的定义**，$0-1$ 等于可使 $1+z=0$ 的某个数字。

第三：但若 $1+z=0$，**则依据顺序的定义**，$z=0-1$ 小于 0。

第一个声明（declaration）确认负数为由 0 取走某数后的余数；第二个声明确认该余数恰为需满足一方程式的数；第三个声明由第一个和第二个声明推导出适用于负数的顺序条件。

取走某些东西，看看它是什么，看看它满足什么条件。

现在还有一个问题，就是负数在加法和乘法运算下的行为方式。我们面对这个问题时，会运用几近滑稽可笑的创意方法，包括负债、距离甚至离婚、死亡，来安抚紧张和不了解的学生，说明虽然 -5 加 -5 是 -10，但 -5 乘 -5 是 $+25$。

感到困惑的不只是学生。法国物理学家卡诺（Sadi Carnot）在 19 世纪初就问过，如果 -3 小于 2，-3 **乘** -3 为何**大于** 2 的平方？

什么样的负债可以解释**这个**？

负数在加法和乘法下的行为推导自基本原理（first principles），也就是**数学**的基本原理。累积负债、涵盖距离、完成离婚和死亡所存在的真实世界，跟它都没有关系。

在精心阐述**的**"超基础数学"中，这是第一次一切事物都**在**"超基础数学"的范畴之内。

如同微积分的发明一样，在"超基础数学"中纳入负数，成为思想史的重要分野。

在此之前是数千年的尝试错误过程，数学构想取自经验并直接应用于经验。

而在此之后，约从 18 世纪末到现在，这些数学构想都领悟自冷僻的地方，与自身距离遥远。

20

某些数学家拥有它——

我说的是那种"悸动"。

他们感觉到有什么东西

就要出现了。

悸　　　　　　　　　　　　　　动

狄摩根在1849年发表的专著《三角学与双重代数》（*Trigonometry and Double Algebra*）中指出，代数"是符号的科学以及符号和符号结合的法则"。这是一种具煽动性的新奇语言。符号的**科学**？应该是符号的**文法**才对。符号是人造的，可以任意改变。它们怎么可能是一门科学的主题？狄摩根继续写道，代数中使用的符号都不寻常，因为它们没有意义："算术或代数的文字或记号没有一丁点意义。"对于它们在一般语言中的同义词而言，这一点是成立的。"我们放弃符号的意义时，"狄摩根写道，"也放弃了那些描述它们的文字。"**加法**从而成为"一种缺乏意义的声音"。

狄摩根感受到那种悸动，他的想法虽然表达得拙劣，但在半个世纪后为人所知，后来更大为风行。20世纪初，希尔伯特试图将丰富的数学化约为用以表达数学的**符号**。希尔伯特因集合论的悖论而感到沮丧。从乐园中被赶出去当然会觉得难受。在拟订普遍名为"希尔伯特计划"（Hilbert Program）的构想时，希尔伯特是希望将它当成一种预防。数学家在思考和写作时或许会觉得自己能使用集合、群或数，但他们可以了解或掌握的其实是它们的符号。**符号**是具体的；**符号**清楚可见；**符号**可以控制。控制符号是得以控制它们所指称的世界的第一步。而这个步骤，希尔伯特表示，正是数学家最擅长的：冷静地拒绝接受符号的意义，转而支持它们的语法，也就是了解符号的结合方式，以及符号必须遵守的规则。

代   数

这个悸动以另一种方式控制了狄摩根。"如果有人断言 + 和 -可能表示奖赏和惩罚，而 A、B、C 等可能代表优点和缺点，读者可能会相信他或反驳他，但都不出这一章（亦即这本书）。"他写道。第一次悸动让狄摩根断定"算术的文字或记号"是"缺乏意义"；但第二次悸动却促使他有了完全相反的想法。代数的文字和记号不仅不缺乏意义，还具备多价性（polyvalent），拥有无数可能的诠释。

狄摩根有没有仔细体会他听到的声音？一点点。这个悸动发挥悸动的效果，激发了他的好奇心。

其他数学家应该会接着完成这项工作本身。

古   老   的

代数是一门古老的学科。巴比伦时代楔形文字中用来讨论文字问题的名词，四千年来少有改变。

"我发现一块石头，但没有秤重，等我秤出它的重量的 6 倍之后，我加了 2 个绞盘，又加上 $\frac{1}{7}$ 乘 24 的 $\frac{1}{3}$。"

这位抄写员接着问道，这块石头的原重是多少？

想想看，有一群抄写员，一开始是苏美尔人或可能是中国人，接着是巴比伦人、希腊人、罗马人、印度人、阿拉伯人、意大利人，包括各种文化的一群人，都寻找着某个未知的答案，真是令人感动。

但这完全不是近世代数。虽然我们还是看得懂，但它显然一点也不现代，而且其中没有我们关注的新事物。

崭　　　　　新　　　　　的

伯克霍夫（Garrett Birkhoff）和麦克莱恩（Saunders Mac Lane）在他们编写的教科书《代数》（*Algebra*）的引言中，试图说明近世代数的现代之处。

首先，它具有广大的普遍性。不是"运用**数**……而是**各种元素**"。

……如果有人断言 + 和 - 可能表示奖赏和惩罚，而 **A**、**B**、**C** 等可能代表优点和缺点……

其次，它的结构借由它们的描述，维持其存在的奇特方式。

……符号的科学以及符号和符号结合的法则……

将近世代数应用到"超基础数学"，正是这种新思考方式的巧妙范例。

整数系由自然数、负数和 0 构成。加法、减法和乘法已经定义完毕，准备好执行工作。除了还缺少除法之外，现在整数系已经具备所有的现代便利功能，而且**没错**，既奇怪又寓意深远的**是**，缺少除法的整数系可以作为一种自然的智识客体。

这个系统里优雅的部分不是很多，因为我们普遍有个印象，就是所有的公理、定义、证明和定律都是在缺乏组织强力推动的情况下，历经千百年逐渐累积而成。**现在来回顾一下。**自然数是上帝的赠礼。0 的功能与"无"相同。负数的作用是扰乱所有率真的直觉。证明以归纳法进行，而归纳法的进行则是根据信心。加法和乘法由定义掌管，这些定义跟晚上的小偷一样多。

说不定比小偷更多。

若说其中真的没有什么地方会让质疑者说：**看，这里有些东西不太对劲**，或没有什么东西糟糕到会让人想说：**上帝保佑**，那是因为"超基础数学"虽然是商人使用的工具，但每一个发展阶段都有数学家加以改良，呈现出一门学科历经数千年逐渐成熟所应有的特质，而且是透过高等数学文化所必需的方法变得成熟。

一直要到现在，**我们**才能在今人的记忆中理解到，"超基础数学"具有一种统一的结构，一种存在于这个世界的方式，这种方式最终**无法**反映商业生活的偶然性，也根本无法反映任何偶然性——包括负债、距离，以及先是草草了结而现在完全遗忘的魔鬼的手本身。

递　　　　　升　　　　　法

近世代数研究许多结构，包括群（group）、半群（semi-group）、单群（monoid）、环（ring）、理想（ideal）、模（module）、矢量空间（vector space）、半格（semi-lattice）、范畴（category）、场（field）等，还有很多，不过种类是**有限的**。

古代的伟大数学家拥有非凡的智识力量，不过他们和同时代的印度数学家一样，没有构思出抽象代数。他们必须靠洞见和灵感这类不确定的炼金术能力，才能看出他们没留意到的东西，而他们并不具备这种力量，因为他们没有递升（ascent）法。

两千年前，欧几里得放下笔之后，群成为人类有意识研究的第一个代数结构；群论（group theory）本身则在伽罗瓦决斗身亡前一天晚上写成的作品中达到完善。环的概念——**这个概念又花了**将近一个世纪，才成为数学家意识的一部分，它的名称也成为数学家的词汇之一。

　　近世代数展现出来的这片风景，在地形上十分特异，很像一片群岛，其中的岛屿彼此隔离，但具有稳定的同一性。俄国数学家沙法列维奇（I. R. Shafarevich）在其杰出的小书《代数基本观念》（*Basic Notions of Algebra*）中提出这个论点，并且促进了这个意象。他表达的意见让人安心，平静又慈祥。"数学研究什么？"他问道。沙法列维奇漫长的数学生涯都用于研究代数，而且他像所有专家一样，没有时间浪费在其他地方。**数学**研究什么？不对，不对。事实上，他要问的是，**代数**研究什么？"若回答'结构'或'具特定关系的集合'，这样的答案很难让人接受；因为在想得到的各式各样结构或具特定关系的集合中，数学家其实只对一个非常小的离散子集（discrete subset）感兴趣，而问题的重点是在这片芜漫庞杂之中，了解这极小的一部分的特殊价值。"他写道。

　　在这段文字中，沙法列维奇并未传达什么秘密，而是隐藏了一个谜，一个**常见**的谜。代数群岛与其他群岛非常类似。生物学研究生命系统，但是生命系统的组成要素，无论是蛋白质或甚至组成蛋白质的原子等，有数不清的混合及结合方式，而其中只有"极小的一部分"是**有生命的**，因此我们只对这极小的一部分感兴趣。生物学就如近世代数一样，"其实只对一个非常小的离散子集感兴趣……而问题的重点是在这片芜漫庞杂之中，了解这极小的一部分的特殊价值"。

无论在生物学或在近世代数中，为什么会有这种概念上的稳定性？

这个问题没办法直接回答，只能间接处理。博尔赫斯（Jorge Luis Borges）曾写道："动物可分为 (a) 皇帝所有的；(b) 有芬芳香味的；(c) 驯顺的；(d) 乳猪；(e) 美人鱼；(f) 寓言的；(g) 流浪狗；(h) 包括在目前分类中的；(i) 发疯似地烦躁不安的；(j) 数不清的；(k) 用非常细致的骆毛笔画的；(l) 其他的；(m) 刚刚打破花瓶的；(n) 远看像苍蝇的。"

动物当然不是这样分类，不过也**可以**这么分。对代数群岛而言，情况大致也是如此。也可能是别种样子。

但其实不是这样。

诺　　　　特　　　　先　　　　生

没有人称赞过诺特（Emmy Nöther）丰姿绰约。在一张泛黄的深褐色早年照片中，她的脸庞接近菱形，棕色的头发从高凸的额头向后挽，浓密的眉毛像两条毛毛虫，鼻梁挺直，不过鼻尖圆钝，嘴巴拘谨地抿着，甚至显得闷闷不乐。她穿着长袖上衣，高腰乡村长裙，脖子上打着大大的黑色蝴蝶结。这位女性不久之后就抛开了优雅的约束。如同这位杰出女性人生中的一切，这类传记式的细部特征都是二价性的：如果她不小心让食物滴到衣服上，并且穿得更少，那是因为她专心致力于永无止境又充满热情的数学讨论，那是她的生命。

诺特 1882 年出生于埃兰根（Erlangen），1935 年去世——一次紧急手术，出了一点差错，糟糕——她被公认是数学史上最重要的女性数学家。这个称颂出自爱因斯坦。她的朋友，俄国拓扑学家亚历山德罗夫（Pavel Alexandrov）称她为"诺特先生"（Der Nöther），显然认为将女性称呼为男性是莫大的赞扬。*

她的独特天分，让始于 19 世纪的"悸动"在 20 世纪达到完美。1907 年，她在埃兰根大学取得数学学位，指导教授是"不变式之王"（King of Invariants）戈登（Paul Gordan）。戈登的研究专注于当时公认非常重要的数学领域，在这个领域中，研究者透过极度困难的列举（enumeration）过程，以各种方式计算同一个对象。希尔伯特的第一项重大贡献就是关于不变量理论（invariant theory），这项贡献之所以重大，是因为他证明他的这项基本定理之后，其他相关理论就没有存在的必要了。希尔伯特发现了诺特的天分，尽管他们都跟德国数学家克莱因（Felix Klein）一起工作，但希尔伯特打算带她去欧洲最重要的数学中心哥廷根（Göttingen），那里有许多重量级数学家，那些男性像乳

---

* 德文中有三种性别：阳性（der）、阴性（die）和中性（das）。

齿象一样，走起路或谈起话来闹嚷嚷的。当他们发现，一位女性竟然靠着天分在数学教职中获得一席之地，并成为哲学教育界的一员时，他们的脸颊开始颤抖，大力反对。他们的严正斥责使诺特不得不将她的课程放在希尔伯特名下，这位老人一定很乐于参与这个瞒天过海之计，因为诺特迸发许多卓越的新构想，大家看不出诺特的课程从哪里开始，希尔伯特的课程又在哪里结束，这应该不是世界上最糟的事。

诺特纯粹是位数学家，不过很奇怪的是，她对物理学的影响几乎不亚于她对数学的影响。1920年，在以她命名的六项定理中，她提出一项绝对非凡的定理。在这项定理中，她演示了数学物理中重要的守恒定律（质量、能量、角动量）与一种基础数学系统的对称有关。假设有一条大鱼在海中波浪状行进。这当中包括两种运动：向前，以及从一边到另一边。如果这条鱼的波状行进相互抵消，也就是向左一嗖地行进恰与向右一嗖地行进达到平衡，诺特认为，其中有某种物理性质是守恒的——在这个例子中是能量，另一个例子中则是质量。这个定理让所有物理学家吓到发抖，而且一直抖到今天。对称是一个概念，它不会改变；那条鱼正波浪状行进，但它的波状行进会相互抵消。守恒是另一个概念，是在变化时维持不变的物理性质。在诺特的定理中，这两个概念合而为一。

诺特在数学物理学界很有成就，但在数学界的成就更大。

1921 年，她发表了一篇题为"环中的理想论"（*Idealtheorie in Ringbereichen*）的论文；这篇论文超越其他所有论文，将整个 19 世纪中不时出现的悸动一举推向结论。19 世纪的杰出数学家已经探讨过群是什么，戴德金则探讨过环可能是什么。诺特以轻松而自信的优势，将环推进到今日占据的位置：长久以来一直隐而未显，即使之前曾被注意到也从未清楚明了，环是包含整数的抽象客体。她的研究成果几乎立刻就被收入教科书。深受诺特的课程，以及极富魅力的德国数学家阿廷（Emil Artin，皮夹克，湛蓝眼睛，冷冽目光）的授课影响的荷兰年轻数学家范德瓦尔登（Bartel Leendert van der Waerden），抓住来自天上的一线光明，在 1930 年将诺特的研究成果放进一本杰出的教科书《近世代数》（*Moderne Algebra*）里。

1933 年，纳粹取得政权，诺特的大学教职陷于危险，生命也受到威胁。她出身犹太家庭，纳粹党人很清楚她的天分，但这个天分反而成为根深蒂固的种族污名。

她有能力逃出德国，加入庞大的流亡潮，成为忧伤无助、不快乐的流亡人士。

她也有能力在美国费城的布林茅尔学院（Bryn Mawr College）找到工作。习惯了欧洲知识分子放荡不羁的波希米亚生活后，她对在那里遇到的年轻女性穿的马鞍鞋以及把书抱在胸前的习惯有什么看法，我不知道。很难讲。

她的确偶尔造访普林斯顿高等研究院，到那里讲学、见见之前的朋友。而且她一定会如自己预期地发现，她在普林斯顿因为身为女性而不受欢迎的程度，跟她在德国因为身为犹太人而不受欢迎的程度不相上下。

诺特特有的不幸——苦痛——就像真实生活中的她一样，已经消失，不为人知，也没有留存在记忆之中。

21

群在"超基础数学"中占有一席之地；

但真正获得注意和受到热爱的是

环。

受　到　钟　爱　的　环

环受到热爱是有充分理由的。在"超基础数学"中，环可以集中情况，使原理清楚明了。理解环的途径由定义中的条件掌控。这当中有三重抽象概念，难度一重高过一重。对数学家（以及读者）的第一个要求是：愿意接受任何公理集合所强制的压缩。由公理主导时，系统中的定理随之减缩，小村庄化约成闪亮亮的小玩具。对数学家（以及包括各位读者）的第二个要求是：愿意把眼光放远，不只局限在那些一开始会怂恿我们接受公理的主题身上。整数是环——这一点当然没错；但整数之外还有其他的环，前面还有另一排更不可能攀登的山峰。而最后是来自公理系统的奇怪要求：愿意在公理系统中找出完全由公理创造的事物。

这种三重式抽象概念不仅出现在数学领域，法律中也看得到。美国法学教授威利斯顿（Samuel Williston）在其权威著作《契约》（*Contracts*）中写道："契约是一项承诺或一组承诺，违反契约时，法律规定必须给予补偿，又或在某种状况下，法律将履行契约视为义务。"这是契约的主干，对应于第一个抽象概念。

第二个抽象概念出现在法官（有时是陪审团）着手了解某些双边协议中有足以使协议变成契约的承诺属性。或相反。

在"拉佛斯对威契豪斯"（*Raffles v. Wichelhaus*）案中，位于孟买的卖方同意出售商定数量的棉花给位于伦敦的买方。货品将以"盖世无双号"（*Peerless*）轮船装运。碰巧——**但谁知道呢？**——有**两艘**船都叫"盖世无双号"，一艘于 10 月启航，另一艘则于 12 月启航。伦敦的买方认为货物应于 10 月由"盖世无双号"装运离港；孟买的卖方则认为货物应于 12 月由"盖世无双号"装运离港。后来货物没有在"盖世无双号"离开孟买后六星期到达伦敦——**不过是哪一艘"盖世无双号"？**——买方当然提起诉讼，主张**他**已签订的契约中的权利。卖方要求同一契约中的权利，同时因为他已经取得棉花的货款，因此宣称没有其他意见。

宣判之后［*Raffles v. Wichelhaus* 2 H. & C. 906（Ex. 1864）］，法庭判决双方均有过失。双方造成共同错误（mutual mistake）。梅利什法官（Justice Mellish）表示："契约成立时，两艘叫作'盖世无双号'的船均准备由孟买启航，有潜在的含义不明确（latent ambiguity），且**口头答辩**（即自述）证词可证明被告与原告所称之'盖世无双号'是不同的。由此可知，双方不存在**意思表示**之一致，因此有约束力之契约并不存在。"

谁真的知道呢？

对"盖世无双号"有争论的买方和卖方，要解决的就是这一点。**没错**，先前已经达成协议。不过契约呢？**没有**，法庭认为那不存在。

而最后，最终阶段的抽象概念终于出现，也就是愿意了解契约法所说的契约究竟是什么。这个意愿很难得，它不容易了解。

在 18 世纪和 19 世纪，法律学者有时会把契约写成是一种"合意"（meeting of minds），书面契约就是这种共识的反映。19 世纪有些时候，法律学者又怀疑，契约指涉的是否就是所有契约的集合，也就是一个合集。这些想法现在似乎已经过时。契约都符合契约法，而符合契约法的都是契约。除了这句可以正着念也可以反过来念的定义之外，别无其他条件。

环

无数有天赋的数学家历经超过半世纪的努力，逐步建立起环的定义：经过那些年后仍然持续努力的狄摩根，正式提出这个概念的戴德金，为环命名的希尔伯特，以及深入探讨环论（ring theory）的诺特。

环是由一个元素的集合组成。

……**各种元素**……

其中包含 0 和 1 两个元素。

……**可能代表优点和缺点**……

其中有加法和乘法两种运算。

……**可能表示奖赏和惩罚**……

因此，它的公理可以完整描述其性质。

环的公理包含六个条件。这六个条件都没有提出新奇的或困难的概念。它们与自然数、过去的 0 或负数也没有任何关联。**它们**的功能跟以往完全相同；但就**我们**目前所关心的，它们在实际的真正现实中的重要性，将被转移到环上。

条件

1）$0 \neq 1$

2）$x+y=y+x$，且 $x \cdot y = y \cdot x$

3）$(x+y)+z = x+(y+z)$ 且 $(x \cdot y) \cdot z = x \cdot (y \cdot z)$

4）$x+0=x$ 且 $x \cdot 1 = x$

5）$x \cdot (y+z) = x \cdot y + x \cdot z$

6）对任两元素 x 与 y，有一元素 u 使 $x+u=y$

翻译如下

1）元素 0 和 1 是不同的。

2）加法和乘法是可交换的：它们都可前后调换顺序。

3）且是可结合的。

4）元素 0 和 1 是单位元素。无论元素 x 为何，0 加 x 一定是 x，且 1 乘 x 一定是 x。

5）乘法可对加法分配。

6）减法呢？当然存在。

一　　　　大　　　　堆　　　　肯　　　　定

若整数（正数、负数和 0）满足环的公理，则它们本质上与环类似。

有一句话很奇怪：**满足公理**？

这个表述在数学上的意义与法律中"符合要件"的表述，某种程度上是相同的。一项承诺在什么时候变成具有法律约束力的？当它符合契约要件的时候。在数学上和在法律中，决定都带有武断的成分。如果法律没有这样规定，法官将无可如何，数学家也无计可施。

整数是否满足环的公理？

显然是的。

0 和 1 不同？✔

数的加法是可交换的？✔

是可结合的？✔

是可正确分配的？✔

0 和 1 是单位元素？✔

减法有完善的精确定义？✔

所有条件都检查过之后，数学家说整数已经通过检查。

但整数通过检查是有条件的。

举例来说，分配律已经检查过了，不过检查过不是证明，只是代表确认无误。分配律对**正数**成立这件事，没有任何根据。我们现在谈的是整数。

"对。"我的一个学生果断地说，仿佛他对这一点已经困扰许久。

快　速　涂　写，　漏　失　细　节

在环的概念中，有很多地方显示整数是我们所知的样子。然而，环还是不足以让任何人感觉到它们的条件已经唯一且明确地找出整数，并因此带来完美的直觉、常识和数学的确实性。环包含的各种特性中并不包含消去律。消去律对加法成立，在**所有**的环中也都成立。就这一点而言，三一律也是如此。不过消去律在环中对乘法不成立，或者如前所述，只对正整数成立。尽管不成立，它仍然是必需的。

它在高中阶段是必需的，当时学生们的灰色方格西装里露出浆过的领子，戴维斯太太在黑板上发表她的想法。她写字很工整，讲话像罗斯福夫人（Eleanor Roosevelt）之灵来找过她一样。其他老师写粉笔时发出刮擦声，戴维斯太太则是发出**碰撞声**。

黑板上有个小小的多项式方程式 $x^2 - x - 6 = 0$，符号很小，式子很短。不过单靠检视不容易解开它，需要适度的某种技巧。

这个技巧中唯一需要技巧的是一个提示（从高中到现在），方程式 $x^2 - x - 6$ 可以表示成 $(x+2)(x-3)$ 这两个因式的积。

而由于 $x^2 - x - 6 = 0$，则亦 $(x+2)(x-3) = 0$。

分成不同情况，并假定不是 $x+2$ 是 0 就是 $x-3$ 是 0，即可求出解。

若 $x+2 = 0$，则 x 必是 -2。

而若 $x-3 = 0$，则 x 必是 3。

没错，完全正确。必是两者之一，且恰好是这两者。但如何证明这个假定正确，也就是若 $ab = 0$，则不是 $a = 0$ 就是 $b = 0$？

戴维斯太太从没有做过这样的假定。

缺少随意消去的能力，间接识别的方法就会失效，而且用于处理二次方程时，失效最为明显。

0 在宇宙中任意游荡，现在我们已经习惯它的偶然性。乘法的消去律证实，若 $ca = cb$，则 $a = b$。无论如何都是如此吗？当然不是。

唯若 $c \neq 0$ 才是如此。

在这个前提下，若 $ab=0$，则不是 a 是 0 就是 b 是 0 才**的确**成立。

假设 a 不是 0，则 $ab=a0$ 是 $a \cdot 0$，且根据消去律，a 可以消去。在这种情况下，b 必是 0，刚好符合间接识别的要求。

如果消去律在某个环中对乘法成立，这个环通常称为整数环（integral ring）或甚至整域（integral domain），不过代数这门学科有很多命名方式，名称对那个术语的要点或涉及的内容不会有任何影响。无论这种环的名称是什么，消去律对乘法都成立。

不过就第二层意义来说，环的定义是有缺陷的。它的定义太过松散，只是排定整数顺序的结构，不具备便利及有说服力的系统。这一点可能会让人感到惊讶。整数**已经**比照正数排定顺序。**它们**不仅排定了顺序，而且整数已经形成结果，但这项排序在关于环的各方面都未受到注意。

有**谁**曾经特别说过在各种环中有任何东西根本就像正数？

我想我应该没有，你也没有；但如果将整数当成环来处理，也就是以实际方式来处理整数的话，就必须这样假定。

最后还有良序原理。它不在环的定义中，因此也与环的本质无关。不过它仍然非常好用。那么我们是否应该扩大定义，将良序包含在内？

我认为应该。这不会有什么妨碍。

于是，我们在环中加入了下面各项：消去律、正整数，以及良序原理。

欢迎大家。

22

负数最让人伤脑筋的一件事，

就是符号律。

负 2 加负 2 是负 4;

负 2 乘负 2 却是正 4。

两个结果的数字部分都是 4，

但前面挂着
不同的符号。

符　　　号　　　语　　　言

　　符号律（law of signs）的解释位于可能最出乎意料的地方，就是环的定义之中。一旦我们找到并讨论这个定义，便可看见事物揭露时显现的眩目光芒。这个解释之所以出乎意料，是因为它有着令人困惑的对比：一方面是环，另一方面则是符号变化。那些通常严格的公理究竟如何操纵神奇的力量，让两个负数相乘之后变成正数？

　　但它们确实做到了。

　　需要证明的是：对两数 x 与 y,$(-x)$ 乘 $(-y)$ 等于 x 乘 y。-1 乘 -1 等于 1 是特例。

　　这个证明必须用到一个逻辑上的自明之理。若 A 等于 B，且 A 等于 C，则 B 等于 C。这个作用相隔了一段距离，B 与 C 相等是因为两者都等于 A。说这个道理不起眼，是因为大家都知道它；而说它是自明之理，则是因为它显然不可能是谬论。[*]

　　虽然符号律用到逻辑上的自明之理，但它也用到刻意做出的式子上。这种文字形式非常好用，在代数操纵下，它最终会等于两个并未明显相关的事物。之所以说这个式子是**刻意**做出来的，是因为单独观察它时，看不出它的结果，也不知道原因。尽管如

---

[*]　第 15 章加法结合律的证明中有同样的自明之理。

此，接下来的证明演示了这个式子等于 xy，且再等于 $-x-y$。可得，xy 和 $-x-y$ 也相等。

接下来就是（厉害的）逐项证明步骤。

先**设想**三项式的和

$$\big[\, xy + x(-y)\,\big] + (-x)(-y)$$

注意这个和的形式很熟悉

$$(a+b)+c$$

回想一下进行结合的要点。将事物相加时，不是第一个加第二个再加第三个，就是第二个加第三个再加第一个。

应用结合律，因此

$$\big[\, xy + x(-y)\,\big] + (-x)(-y)$$

可以变成

$$xy + \big[\, x(-y) + (-x)(-y)\,\big]$$

将方括号移到右边。

直接以特定数字代入 x 与 y，以便确定这个算式没有问题。

现在应用分配律在

$$xy + \left[x(-y) + (-x)(-y) \right]$$

以便导出

$$xy + \left[x + (-x) \right](-y)$$

$(-y)$ 在一段距离之外对 $\left[x + (-x) \right]$ 施加乘法作用。

但请看看这个：

$$x + (-x) = 0$$

以及这个也是一样：

$$0(-y) = 0$$

感谢上帝赐给我们 0。

若

$$[\,x+(-x)\,]\,(-y)$$

恰是 0 。

可得

$$xy+[\,x+(-x)\,]\,(-y)=xy$$

将这个论证的**首**与**尾连接**起来：

$$[\,xy+x(-y)\,]+(-x)(-y)=xy$$

可以满足地看到，一半的证明已经完成。

相同的推理完全适用于从 $[\,xy+x(-y)\,]+(-x)(-y)$ 到 $-x-y$ 。

所以将分配律应用在 $[\,xy+x(-y)\,]$ ，可得

$$x[\,y+(-y)\,]+(-x)(-y)$$

下一步是相消到 0，接着立刻

$$x[\,y+(-y)\,]+(-x)(-y)=-x-y$$

第二次将首与尾连接起来

$$\left[\, xy+x(-y)\,\right]+(-x)(-y)=-x-y$$

于是（这里不是变魔术）

$$xy=-x-y$$

这个论证很困难吗？它无疑让人倒胃口。这么多符号！数学家倒是冷静从容，他们会说这很**基础**。不过有个古怪的事实跟这个看法相反，就是由环的定义推导出符号律的过程，直到 20 世纪 40 年代伯克霍夫和麦克莱恩出版《近世代数概论》（ *A Survey of Modern Algebra* ）后才广被了解。在此之前，他们的证明当然已是一般数学文化的一部分，但他们公开了它，并且使大众注意到它。

由环的定义推导出符号律的过程完全是现代的。某个非常抽象的东西（环）是已知的，接着一步步进行，运用一连串附带恒等式，导出全然隐藏在定义结构深处的结论。一旦观察到那些附带恒等式，就会觉得它们看起来可以说是显而易见。

但这两个证明都无法让人满意，而且如果它获得认可，它得到的认可也很勉强，因此众多详细遵循这些步骤的学生会说，**这**

里我懂——这里勉强可以认可，然后**那里我懂**——也是勉强可以认可——但我不懂的是**负数乘负数为什么是正数。**

　　但若数学家确认负数乘负数是**负数**，这种抗拒感会消失吗？

　　可以试试看。如果−4 乘−4 是−16，则−4 乘 +4 是什么？显然不是 +16，否则负数与正数之间的区别就不存在了。但若是−16，则−4 乘−4 与−4 乘 +4 之间的区别是什么？

　　显而易见地，两者没有区别。

　　而若真是如此，−4 **本身**与 +4 **本身**之间究竟有什么区别？

　　如果没有区别，负数的意义何在？如果没有意义，那就到此为止。

　　当然，这称不上是证明，比较像是带有揶揄意味的练习。它根据的前提是，如果你不喜欢用某种方式表达的事物，换一种方式表达，你当然也不会喜欢它们。

　　因此，证明两种方式都不行，可以让人比较安心。负数乘负数是正数。另一种方式其实不会比较好。

短　　暂　　的　　交　　会

　　有些数学家擅长某件事，有些数学家则擅长另一件事。

　　匈牙利数学家艾狄胥（Paul Erdős）和波里亚（George Pólya）

以擅长解题著称。波里亚对自己的解题技巧信心满满，答应在没有准备的情况下参加剑桥大学数学优等学士学位考试。

结果他考得非常好。

对于有些人几个月前就开始狂乱地用功准备，他却轻轻松松就解出那些问题，他谦虚地说："这没什么。"

这的确没什么。

有时候，这些努力又有天分的解题高手崭露头角，没有什么能压制他们。另外有些时候，具影响力的理论学家脱颖而出，形成自然而生的巨大权威感，让同僚只能寻找其他问题当作目标。

20世纪后期最杰出的理论数学家是法国数学家格罗森迪克（Alexander Grothendieck）。他采取极度概括性的思考方式；他认为只要达成适当程度的抽象化，这些碎裂、纠缠复杂、极难破解的难题，对数学家而言就会像成熟的葡萄一样容易解决。他的强大能力震惊了其他数学家，甚至使法国的托姆（René Thom）放弃数学，转而研究数理生物学。如他所言，当时他感到沮丧，"因为觉得格罗森迪克拥有压倒性的技术优势"，而且他当时完全误以为自己能被生物学家当做神来膜拜，受到这种想法鼓舞。

20世纪80年代初，格罗森迪克结束数学生涯，独居在比利牛斯山的牧羊人小屋。

努力、有天分又实际的人欣赏他的天赋才华，接受他给予我们的东西，然后继续当个努力、有天分又实际的人。

现在他们松了一口气。

另　　　外　　　一　　　边

　　20 世纪 20 年代末的某个时间，冯·诺伊曼（John von Neumann）在牛津大学演讲，主题是他的专长算子代数。冯·诺伊曼是伟大的数学奇才，天赋横溢、放荡不羁，许多人认为他的心智如同来自外星。在冯·诺伊曼人生中的这个时期，他彻头彻尾地现代。他是各种新代数结构的宗师，毫不费力又自然而然地沉浸在抽象概念中。

　　英国数学家哈代（G. H. Hardy）是听众之一。他本身是杰出的数学家，在数学上相当自负，也是某种程度的唯美主义者、现代化生活的敌人。他的著作《一个数学家的辩白》（*A Mathematician's Apology*）是一本令人喜爱的书，以英国人特有的沉思口吻写作，豪斯曼（A. E. Housman）最擅长以这种风格写诗。哈代在回忆录中哀悼青春逝去和数学天赋衰微；他怀念过往时哀伤悲怜，因为生活中没有什么东西可以帮助他面对生命。

　　哈代的专业是数论学。这门学科极为严苛，不过不算新颖，而哈代研究的问题出现于 19 世纪，起源更是早得多。假如哈代能回到古希腊，可能会被当时的人认为是希腊数学家。

　　演讲开始了。冯·诺伊曼的母语是匈牙利语（不过我猜巴斯克人除外），他也会说其他欧洲语言，但都带有浓重的匈牙利腔。他虽然年轻，衣着却一丝不苟，穿着剪裁合身的昂贵定制服装。根据听众的说法，他的演讲完全证实了一般的印象，就是他是能力非凡的数学家。

哈代对身材微胖的冯·诺伊曼的印象是什么，手指在空中比划强调，黑板上写满符号，还带着让人迷惑的匈牙利腔英语，我不知道，他没有提到这一点。

但关于这场演讲，哈代确实提到一件事。"毫无疑问，"他说道："这个年轻人非常聪明。不过他讲的主题是数学吗？"

他讲的**真的**是数学吗？

23

莱茵德纸草书（Rhind Papyrus）

是一张羊皮纸，1858 年英国人莱茵德（Alexander Henry Rhind）

在埃及的路克索（Luxor）非法挖掘出土，

其后在贪污官员间转手数次，之后因为一次大规模的皇室贪污案爆发，

最终进了大英博物馆。

来 自 古 代 又 回 到 古 代

在数学考古学当中，如同人类生命其他方面，钱是没有记忆的。莱茵德纸草书由一位名叫阿美斯（Ahmes）的抄写员以僧侣书写体写成。这种文字介于象形文字与通俗文字书写形式之间，从架构上看来是由图画趋向涂写。不过正如这位抄写员自己的注记，这张文书是抄写自国王阿曼连罕三世（King Amenemhat III）在位时另一份更古老的流通账，因此原稿的时代应该比公元前2000年稍晚一些。更东边一点，苏美尔帝国刚灭亡；希腊本土还没有出现希腊人，欧洲仍是沼泽和一片涨漫的水气、茂密的森林，还有缓缓行走的乳齿象。只有埃及人以通晓世事的双眼看着这个世界。

阿美斯无疑是某种智识的监督者；他有些粗暴地写下其他抄写员的不当之处，而他的语气几乎跟对话一样。他们在讨论一个实际问题："要建造一道 730 腕尺（cubit，1 腕尺约 52 公分）长、55 腕尺宽的建筑斜面，分隔成 120 个小格，里面填满芦苇和梁；其顶点高 60 腕尺，中点高 30 腕尺，倾度是 15 腕尺的 2 倍，而其铺面是 5 腕尺。有人问将军建造这个坡面所需的砖块数量……"站在尼罗河的炽热太阳下，将军当然等不及想执行战争之类的活动，或者至少想传达其具有掌控力和能够发挥作用的印象。抄写员必须负责满足他们的需求，结果让人失望。

"我们问过所有抄写员，他们什么都不知道。"阿美斯尖酸地写道。

接着他对负责其他 30 位抄写员的那位抄写员讲话。

"他们都信任你，"他写道，"并且（他们）说：'我的朋友，你是聪明的抄写员！快帮我们作决定！'"

接着是不分古今同样常见的情况，就是施加某种形式的心理压力："看，你的名字如此为人所知。不要让其他 30 个人在这里受赞扬。不要让别人有机会说你有什么事情不知道。"

"告诉我们究竟需要多少砖块。"

间　　　　接　　　　识　　　　别

需要有多少砖块？这里有个未知项目，而这个项目是一个数。方程式是一种文字形式，让未知变量和关于其身份的线索可以透过它，在恒等式中串连在一起。

方程式极少从表面上透露出未知项目的身份。某数 $x=5$ 这样的方程式当然成立，不过没什么价值。表示某数自乘之后是 25 的方程式 $x^2=25$，比较有趣。这个方程式的线索很容易看出来，不过单单只有线索没办法破案，所以线索没办法代替一个数。必须先解出这个方程式，才能找到这个数。未知项目以及与这个未知项目本质相关的汇总线索之间的来回交换——这就是数学的戏剧性所在。

每个方程式都有未知项目和线索。线索是最重要的部分。每个人都很清楚未知项目是什么。"超基础数学"列出的方程式是多项式,因此也是它的线索。

1、**2**、**3** 这些数字和一些次要变量 x、y、z 之间的汇集范围愈来愈大,因此我们得以运用 $14x$、$8x^3$ 或 $5x^2$ 这类数学式,记录针对某个基础**某物**进行某种基础运算的方式。

这些数学式构成了一种跨人种的宗族——我们称之为单项式。

宗族成员可以彼此加入其他宗族,形成更大的宗族。有何不可呢?单项式能和任何算式结合,而且在类似 2×2 或 6×94 这类一般算式中,算术定律对已知**和**未知的数一样成立。

这个构想很大胆,但并不新颖,因为阿拉伯文艺复兴时期的数学家已透彻了解这一点,希腊人也知道,更早之前的巴比伦人也是。随着思想的传播,这个构想流传各地。单项式相加之后只有名字改变,相连的单项式称为多项式。因此,多项式 $5x^2 + 3x$ 表示 $5x^2$ 和 $3x$ 两个单项式相加,而多项式 $5x^2 + 3x + 7$ 是同样的连接方式,但再加一个 7 来讨个好运,就像中国商人美化彩券一样。

这些或许都属于分为两部分的分类系统。从"超基础数学"的观点来看,单项式是下面这种形式的数学式:

$$ax^n$$

多项式则是数个单项式连接起来：

$$a_n \cdot x^n + a_{n-1} \cdot x^{n-1} + \ldots + a_1 \cdot x^1 + a \cdot x + a$$

多项式很有趣，它们能非常清楚地指涉它们所应允的运算。乘法，**好了**；加法，**好了**；减法，**完成了**；还有乘方也完成了。全部完成。不过其中没有除法。这些都是形式上的事实，因为它们完全依照多项式的定义方式。但它们也蕴含了某种意义，因为多项式以十分忠实的方式记录原本就属于"超基础数学"的数。这不仅是巧合。它表示新物件以高度平衡的方式，在数学中具备了存在的价值。

双　　　　　　关　　　　　　语

多项式的概念有个潜在的歧义。多项式是数学式，或是语言形式，因此也是用于表达"超基础数学"的符号工具之一。多项式 $5x^2 - 25$ 的意义并不确定。它让那个不定的变量 x 的某些具体性质悬而不决，虽然具有指称的形式，但没有指称的内容。谁知道它究竟指涉哪个数？

不过一旦被纳入多项式方程式之后，多项式就会变得具体，因此也会变得有用。方程式 $5x^2 - 25 = 0$ 表示等号两边的东西相等。等号的一边是 0。从方程式提供的线索，可以透过推论求出另一边。它自乘一次，这是一个线索。接着它再乘 5，这是第二个线索。接下来再从积减去 25，这是第三个线索。最后剩下 0，这是第四个线索。

那么**它**到底是什么？由于阿美斯问了类似的问题，所以他显然也了解这一点。四千多年来，"超基础数学"中的语言和技巧彻底改变，但这个问题背后所隐含的推动力是一样的。

方程式 $y = x^2 - 7x + 16$ 所隐含的企图，远比方程序 $5x^2 - 25 = 0$ 大得多。它在形式上是多项式方程式，因为 $x^2 - 7x + 16$ 毫无疑问是个多项式。不过它现在有两个未知数，一个是 x，另一个是 y。第二个未知数完全取决于第一个未知数；不过，知道这一点代表有进展，只是影响不大。1 和 10 可以让这个方程式成立，2 和 6 也可以。虽然说这两个东西完全相同，但方程式 $y = x^2 - 7x + 16$ 没有说明**哪个**等于哪个，所以仍不够明确。

一个方程式中未解出的项目，有时可借由加入第二个方程式来解决，在这个例子中，加入的方程式是 $y = x$。

现在用两个方程式来做一件工作。这两个方程式分别是 $y = x^2 - 7x + 16$ 和 $x = y$。

以 x 取代 y，方程式成为 $x = x^2 - 7x + 16$，现在是用一个方程式做两件工作。

两个方程式包含两个未知数，两者趋于同一个数，也就是它们的解。因此，$x = 4$ 提供了谜题身份的解答。唯有 4 能满足这个方程式，也让数学家对间接识别有了信心。

线索发挥了线索的所有功能。

利　　　益　　　共　　　同　　　体

函数在"超基础数学"中具有重要的地位。它不仅是数转换成其他数的方式，而且从更严格的观点来看，它也是序对集合。加法、乘法和减法是旧式函数，将两个数变成第三个数。接下来，数学式 $f(x)$ 指涉泛型函数（generic function），f 这个符号非常依赖变量 x（它的自变量），以便形成一个新的符号，依序命名一个新的数（它的值）。

多项式函数是形式为 $f(x) = a_{n-1} \cdot x^{n-1} + ... + a_1 \cdot x^1 + a \cdot x + a$ 的**任一**函数。

因此，函数 $f(x) = x^2 + 1$ 依循着 x 与 $f(x)$ 之间不断延伸的友谊。$x = 0$ 时，$f(0) = 1$；$x = 1$ 时，$f(1) = 2$；$x = 2$ 时，$f(2) = 5$；$x = 10000$ 时，$f(10000)$ 嘛，反正很大。

这些成对出现的数，形成无尽的数对清单，从无穷大的负数开始，朝正数方向无限延伸。

多项式函数与间接识别法的基础方程式之间，存在一个利益共同体，这个共同体可以用函数 $f(x)=x^2-7x+16$ 和方程式 $y=x^2-7x+16$ 来表示。少了 $x=y$ 的信息，方程式 $y=x^2-7x+16$ 的功能和函数相同：记录 x 代表的数和 y 代表的数之间的关系。以特定的数取代 x，就能以机械方式求 y 的值。这是函数的作用，所以 $f(x)=x^2-7x+16$ 和 $y=x^2-7x+16$ 讲的是同样的东西。$f(x)=y=x^2-7x+16$ 中含有三重恒等式。

还找得出更好的利益共同体吗？

多项式方程式和多项式函数聚集在一起时，两者都能指明数之间的关系，而当线索数量够多时，它们也都可以变成指明某个特定数的叙述，不需要考虑数之间的关系。

有一种便利的方式可以表达这类聚集的附属性质，就是把一切设定为 0。若 $x=x^2-7x+16$，则 $x^2-7x+16-x=0$。这两个方程式完全相同。它们讲的是相同的东西，拥有相同的解。

但接下来，设 $f(x)=x=x^2-7x+16$，转换成 0，变成 $f(x)=x^2-7x+16-x=0$。

使 $f(c)=0$ 的数 c，称为多项式函数的**零点**（zero）或**根**（root）。

多项式函数的**零点**就是其基础方程式的**解**：在这个例子中，

$f(4)=4=x^2-7x+16=4$。

间接识别法——它需要什么？

解方程式。

或

求其函数的零点。

或

找出它的根。

多　　　项　　　式　　　的　　　环

　　多项式身处令人忧心的境况当中，但它还有另一个更重要的身份。它们形成一个环，而且形成环之后，就能脱离它们恼人的情况。

　　环的定义现在第二次出现。记住，第一个条件是用以防范环的梦魇，就像只由一个成员把持的拉丁美洲政党；第二个条件谈到交换；第三个条件谈到结合；第四个条件是身份的还原；第五个条件是分配和分布；最后一个则证实在环中，减法是完整且完备的。

　　数学中的环和法律中的契约一样，会收集自己的案例，因此环的普遍性足以含括相关的主要情况，但又不会太过普遍，致使它与数得以发挥本身功能的真实世界之间断绝任何关联。

多项式加法的进行方式正如我们的预期。多项式 $5x^2+3x+2$ 与多项式 $3x^2+x+5$ 的和是多项式 $8x^2+4x+7$。

乘法不需要多做什么,只要愿意把各个项集中在一起,放在它们适当的位置就好。多项式 $(5x^2+3x+2)$ 乘多项式 $(3x^2+x+5)$ 是多项式 $(5\cdot3)x^{(2+2)}+(5\cdot1+3\cdot3)x^{(2+1)}+(5\cdot5+3\cdot1+2\cdot3)x^{(2+0)}+(3\cdot5+2\cdot1)x^{(1+0)}+(2\cdot5)x^0$。

多项式先前如同多刺灌木及标记上的恼人事物,现在成为整数的同类,能够满足环的定义。多项式的加法和乘法看来理所当然,因为它们的进行方式恰如范例一样。多项式和整数一样,与多项式相加和相乘时,结果仍是多项式。

因此,设 $P(x)$ 和 $Q(x)$ 是两个身份未知、内容未指明的多项式。如果我们要确认它是否符合环的定义,检查清单应该是这样:

1 P≠Q ✔

2 P+Q=Q+P 且 PQ=QP ✔

3 (P+Q)+R=P+(Q+R) 且对乘法相同 ✔

4　P＋0＝P 且 P·1＝P ✔

5　P·(Q＋R)＝P·Q＋P·R ✔

6　减法？存在 ✔

　　数学家揭示多项式**是**环的那一刻，正如同文学或神话中某个卑微的驼背者拿掉身上的驼峰，变成国王的那些时刻：

> 站起身，举起手，祈神赐福
> 一个人尝尽千辛万苦
> 思及他失去的名望。
> 罗马的恺撒隐身
> 这块驼峰之下。

身　份　的　重　要　性

　　多项式出现在历史记载中的时间，比 20 世纪发现它们的代数身份早了许久。伟大的高斯完全了解整数与多项式之间的相似性，而且他知道如何充分运用这种相似性，以一种与整数算术平行

（parallel）的方式，发展出多项式的算术。平行算术的想法是 19、20 世纪数学的观点，它结合了两种大相径庭的数学推动力：最激进的推动力是，想要大胆地整合两种看似截然不同的物件（整数和多项式），同时使这种相似性成为最古老、最值得信任的算术运算的基础，这就是"超基础数学"在较为久远的时代便已形成的部分。因此，多项式和整数之所以成为同类，不是因为某种令人震颤的神秘缺陷，而是因为它们都具有最寻常的显著优点：它们可以相加、相乘和相减。

多项式可以形成环的这项发现，作用大致等于同类型的发现：让它们的历史具备令人满意的连贯性。多项式**类似**于整数。"超基础数学"的基本运算可以向上扩增，而且能够包含比整数本身所能显示的更加复杂的建构。在未知事物的世界中，"超基础数学"的基本运算同样成立：正如 $2+3$ 等于 $3+2$，$x+y$ 也等于 $y+x$。加法交换律的力量足以掌控加法，不需要确定它掌控的究竟是**什么数**。**所有的**数都可以，没有关系。如果代数的开端是使"超基础数学"的定律由附属品变成自然数的任一特定集合，那么它已经成功地让未知数借由加法、乘法和减法互动的各种组合，变得愈来愈丰富。这些未知数在多项式方程式中仍然未知，但透过方程式本身提供的汇总线索，如今已经联结起来。

因此，一段充满洞察力和抽象概念的美妙旅程，就蕴藏在 $5+3=3+5$ 以及 $x+y=y+x$，还有 $(5x^2+3x+2)+(3x^2+x+5)=(3x^2+$

$x+5)+(5x^2+3x+2)$ 之间。

这段旅程是持续了几世纪的工作。我们对于扩大"超基础数学"叙述的可能范围——从数到变量，再到多项式——那种纯然抽象的渴望，使得这段旅程得以实现，也使它显得格外重要。整数和多项式都被视为环时，深入抽象的过程不必然要远离我们所熟悉的事物，相反地，这是让我们回到自己所熟悉的一切的方法之一。

多项式是环的这个事实，让数学家开始臣服于"超基础数学"的基础运算本身。而这股服从力量一点也不逊于解出多项式方程式，以及透过解出方程式，显示出间接识别法的力量。

在最简单的情况下，这一点是显而易见的。

有一个数减去 7 时，结果是 25。

这个数是什么？

将问题转换成符号：$x-7=25$。

解答是：

由方程式两边减去 25，$x-7-25=0$，立刻可得 $x=32$。

由此，可以自信满满地说 $25-25$ **是** 0。

我们从哪里获得许可，可以从某个东西减去另外某个东西？

而若正如我们所见，-7 加 -25 是 -32，这个步骤是怎么成立的？

或者下一个步骤，它最后显示 $x=32$？-32 跨过位于零点的等号时，如何变成正数？

巴比伦人没办法回答这些问题，不过几千年后的我们可以回答。让方程式包含数项未知工作的间接识别法在某种方式中有用，但不是所有方式都有用，因为**多项式可形成环**。

所　有　边　境　哨

尽管古代数学家对找出未知数感兴趣，但他们对节省时间同样有兴趣。他们知道，要顺利解出方程式，可以套用一个通用的公式、一种机械架构或一种算法，用新的词来描述旧概念。

巴比伦数学家研究了二次方程式 $ax^2+bx+c=0$，并且设计出一些分部公式（partial formula），用来求出它的解。7世纪时，婆罗摩笈多提出**任一**二次方程式解的通用公式：

$$x=\frac{-b\pm\sqrt{b^2-4ac}}{2a}$$

全世界立刻确定这种公式真是太好了。

从此之后，数学家对公式深深着迷。16世纪，几位意大利数学家发表了一些算法，其中包括烦躁的卡尔达诺（Girolamo

Cardano），这些算法可用机械方式求出三次**及**四次多项式方程式的解。由于这类公式极为重要，数学家甚至相互欺骗，以便取得它们。

尽管历经剽窃风波而重新振作，意大利数学家仍然无法找出五次方程式解的公式。

他们做不到的事，就是做不到。19 世纪初期，鲁菲尼（Paolo Ruffini）和阿贝尔都证明了世界上不存在可应用于任一 $ax^5 + bx^4 + cx^3 + dx^2 + ex + f = 0$ 形式方程式的通用公式。

在决斗身亡的前一天晚上，20 岁的伽罗瓦尽情发挥才能，重新检视多项式方程式的根，首次发现了对称性约束（symmetrical constraint）系统，这个系统可以决定哪些方程式可解、哪些不可解。

结束这个主题之前，还要说最后一件事。

最简单的多项式函数，在"超基础数学"中很可能没有根。函数 $f(x) = x^2 + 1$ 就是个例子。**没有**一个数 c 可使 $x^2 + 1$ 等于 0。

但我必须强调的是，这种情况在"超基础数学"中成立，但**不**是在每个地方都成立。高斯在他的博士论文中提出了代数基本定理的首个证明：**每一个多项式函数都有根**。

对 $f(x) = x^2 + 1$ 和许多其他函数，它们的根并不包括在"超基础数学"所含括的数系中。这种对于"超基础数学"数系的挫折感，以及对于其限制的认知，促使数学家建构了实数和复数系。

　　这样的结果标示了"超基础数学"的终结点，以及新数学的诞生处。它们像边境哨的灯光一样，代表一个国家的领土到此为止，另一个国家的领土由此展开。

24

相信半条面包

比没有还好的人，

不会对 $\dfrac{1}{2}$ 这个数

感到不安。

最　后　的　运　算　——　除　法

请取一半，斟酌使用。

有什么运算比这更简单？

如果熟悉程度可以当作回答这个问题的标准，就真的**是**没有更简单的运算了。古代人已经知道分数，也了解为什么需要它。莱茵德纸草书和其他文献是技术人员之间的闲聊内容，是一群倔强实际的人写给自己人和学徒看的内部记录。这份纸草书非常成功地传达出计算的急迫性。粮食必须分发、面包必须分配、田地要开始耕作、士兵要分派任务，这些都是经常濒临匮乏的农业社会常见的迫切实际问题。如果书写莱茵德纸草书的数学家似乎有点焦躁，甚至容易对下属生气，这是因为**他们**的监工是尼罗河，它跟鞭子一样严苛又无情。为了进行计算，古代数学家需要分数，对于整体中的部分，必须有坚定稳固的概念。他们并不过分担心分数的意义，只是把它当作简便的方法、工作上的工具。他们没有时间可以浪费，要知道，他们是国家的督导。他们留给希腊人的理论——当时尚未诞生，但时间的巨轮正耐心等待，以便告诉埃及人该怎么完成这些工作。

对苏美尔人、巴比伦人、埃及人、希腊人和世界屋脊另一边的中国人来说，分数从一开始就是"超基础数学"的一部分，是工具清单中的一个项目，感觉几乎就像自然数本身一样亲切熟悉。

整　体　中　的　部　分

　　分数是 $\frac{1}{2}$、$\frac{3}{4}$、$\frac{5}{8}$ 这类的数——所谓"这类"，是由两个自然数以一种固定的顺序组成的数。重点是**任**两个自然数，而且是以一种固定的**顺序**。$\frac{2}{3}$ 与 $\frac{3}{2}$ 之间的差别显而易见。第一个分数是以 $\frac{1}{3}$ 为单位，第二个则以 $\frac{1}{2}$ 为单位。如果是你想要的东西，就希望能得到 $\frac{3}{2}$；如果是你不想要的东西，只需要得到 $\frac{1}{2}$，而且不能反过来。传统的分数记数法将一个数字放在另一个数字上方，优雅地传了这个想法。没错，逻辑学家经常将分数写成序对，$\frac{1}{2}$ 变成 <1，2>，但这种方式并不比在两个数字之间画一条线的传统写法要好到哪里去。

　　分数由成对自然数组成，很容易想象它代表整体中的一部分。一条面包，但是有**两**片。这里很容易看出，分数具备了除法运算的某些特质。这一点当然没错。就像把一条面包**分成**两片。不管是分、割、切、开或甚至砍都可以，将面包变成两半的动作必须先完成。分数在这里发挥了功能。奇怪的是，分数**本身**通常是以它们所代表或说明的动作来解释。归根究底，$\frac{1}{4}$ 这个分数就是 **1 除以 4**。我们借由除法运算了解分数的意义，但我们无法将分数视为一个数字，去理解除法的意义。

　　分数和自然数本身一样，受限于它们的使用背景。一条面包或许可以分成两半，泥巴却不行——**半个泥巴**这样的词没有意义。

泥巴不能划分，最多只能分成滩、坨、片或点儿。直接用分滩、分坨、分片或分点儿来解决泥巴的划分方式问题，似乎太过敷衍，因为这些动作假设先前已经将泥巴分成了好几部分：一滩泥巴是整体的一部分。

进一步的分析改良似乎并不容易，而且从"超基础数学"的观点来看，或许比较审慎的说法是，有些东西可以划分，有些东西不行。

我们或许可以把泥巴留给哲学家处理，他们喜欢这类东西。

一 个 数 包 含 两 个 数

分数源于我们对划分事物的需求，所以分数本身是被划分的。1 是一个数；但 $\frac{1}{2}$ 这个数可以说是一个数包含两个数，也可以说是两个数代表一个数。

两个代表一个或甚至一个**包含**两个的分数所要传达的印象——只是它们的书写方式问题吗？

十进制记数法显示是这样的。一个数中有两个数，还是两个数代表一个数？完全不对。分数 $\frac{1}{2}$ 包含它本身消失和后续重生的根源，$\frac{1}{2}$ 将转换为优雅的十进制数 0.5。

两个数变成一个数。

十进制记数法是表征分数的**通用**架构，精简又优雅。

小数点左边是一般的整数。

小数点右边则是 $\frac{1}{10}$、$\frac{1}{100}$ 和 $\frac{1}{1000}$ 等等，直到 10 的任一有限次方。

小数是将整数与分数相加成一个复杂的式子，把它们合并起来。

$$Z + a_1 10^{-1} + a_2 10^{-2} + a_3 10^{-3} + \cdots + a_n 10^{-n}$$

其中 Z（来自德文的 *Zahlen*，也就是数）代表要表示的整数。

数学式

$$1 + \frac{3}{10} + \frac{1}{100} + \frac{4}{1000}$$

是一个小数，相当于一般分数 $\frac{1314}{1000}$。

小数（decimal fraction）是一回事，十进制**数**（decimal number）又是另一回事。要知道分数中的数，只需要保留分数的分子，去掉分母，将整数和其后的分数用小数点分开就可以了。$\frac{1314}{1000}$（说真的满笨拙的）可以改成 1.314，看起来像海豹一样利落，也一样容易训练。要使用它，只需要愿意留意小数点和它代表的位置就可以了。

因此，一个数以十进制记数法表示时，形式如下：

$$Z.\,a_1\,a_2\,a_3\,...\,a_n$$

小数 $1+\dfrac{3}{10}+\dfrac{1}{100}+\dfrac{4}{1000}$ 全部都是分数，十进制数 1.314 全部都是数，但小数和十进制数指涉的正是同一个数。

漂亮、轻快、高效、优雅，而且完全没有分数必须用两个数代表一个数的恼人特质。

要回应这些自夸的说法时，只能提出一个明显的事实：以小数概念为**起点**的记数法很难用来显示一点，也就是谈到分数时，我们可以将它们完全排除。

无论是双面、双边还是双头，分数都屹立不摇。

记数法跟它没有关系。

分　数　不　是　什　么　？

无论 $\dfrac{1}{2}$ 或 $\dfrac{9}{10}$ 这类分数是什么，它们都不是整数。一个包含正数、0 和负数的架构并不包含分数。这一点非常奇怪。分数 $\dfrac{1}{2}$ 包含 1 和 2 两个数，是两个整数的合成物。这就如同做出的合金与做成合金的基底金属不同。分数有一项性质是整数没有的。2 就是 2，它是独一无二的，在自然数高塔中的位置不可能被其他数取代。分数则完全不稳定。毕竟，$\frac{1}{2}$ 无异于 $\frac{2}{4}$，也无异于 $\frac{3}{6}$。$\frac{1}{2}$、$\frac{2}{4}$、$\frac{3}{6}$ 和无数类似的分数，都具有同一个身份。如果分数有身份，这个身份应该属于志同道合的全部分数，每个分数都享有这个共同的身份。而我们可以这样看待分数——将它视为**成对**整数，没错，当然可以；不过也可以视为数对的**集合**，也就是由等同于一给定分数的所有分数构成的集合。

若说分数在身份上不是整数，它们在另一个方面也不是整数。正数是孤立的，每个正数在数在线是一个短促而清楚的尖峰，突起程度与周围的数没什么关联，一样孤单。分数就不一样了，它们会随正数增加而增加。不过这只是一种说法，分数和正整数一样，能够无止境地增大，而且分数还能无止境地缩小。正整数做不到这一点。正整数在缩小时，最大限度只能到 0。

分数不仅在数线两端是无限的，在另一层面也是无限的，而且这一点跟正数完全无关：分数的成员非常多。任两个分数之间，一定有第三个分数。

整数与分数之间的这些差异点，或许可以化约为一对命题：0 与 1 之间没有正数，每个数就像刚强的西班牙"征服者"柯尔特斯（Hernán Cortés），静默地站在巴拿马达连（Darien）的山峰上。但任两个分数之间，一定有第三个分数。"分明是二，又浑然为一，数已为爱所摧"。（Two distincts, division none; Number there in love was slain.)〔莎士比亚诗作"凤凰和斑鸠"（*The Phoenix and the Turtle*）诗句，引自王佐良先生译文。——编者注〕

有这个说法为真的证明吗？

有。当然有。

一　　　　方　　　　面

0 与 1 之间的空间是空的，两者之间没有自然数。

0、1、2、3……这些数是离散的，有很清楚的孤立性。要证明 0 与 1 之间什么都没有，需要有力的原理。数学家必须从其他地方引进这些原理，良序原理就是这样的例子。良序原理是集合论系统内的一项假定，内容是每一个至少有一成员的自然数子集，都有一最小成员。*

借由运用良序原理——如伯克霍夫和麦克莱恩深具影响力的说法："展现它的力量"——或许可以轻易**证明** 0 与 1 之间没有数。设在数 x 中，有一个数位于直觉上应该空无一物的地方。x 大于 0 但小于 1，写成符号是 $0<x<1$。

依据这个假定，x 是 0 与 1 之间所有的数的集合中的成员。

---

* 第 15 章曾用良序原理推导数学归纳法原理。

这足以触发良序原理。

设想良序原理已经触发。

可得，这个集合有最小成员某数 y。

则 $0<y<1$。

将这个不等式乘 y：$0<y^2<y$。

由此可得，y^2 **小于** y。

哦，但 y 应该是 0 与 1 之间最小的整数，是**真正**最小的整数。现在矛盾出现了，由此看来，0 与 1 之间**有**自然数的想法，信心已经瓦解。

这个论证很短，又很有力。正如伯克霍夫和麦克莱恩的断言，它传达了一种奇怪的干扰力。

另　　　　一　　　　方　　　　面

任两个分数之间，一定有第三个分数，而在第一个与第三个分数之间一定有第四个分数，第三个与第二个之间会有第五个分数。任两个分数之间都能容纳其他分数。这个内部细分过程不受控制，因此也不会有结束，分数**不断增多**，就像某种奇妙的生物泡沫一样，在内部愈来愈多。

关于这一点的证明，将促使许多激进构想与确定性验证之间，产生特殊的数学综效。

首先，分数当中的顺序是确定的。$\frac{1}{3}$ 小于 $\frac{1}{2}$，$\frac{6}{8}$ 小于 $\frac{7}{8}$。如果 $\frac{1}{3}$ 小于 $\frac{1}{2}$ 有**意义**，它的意义应该是 2 小于 3。

这个构想目前只是意义问题，而且可以借由各种可能的范例来说明，但容许我们采用更学术性的诠释。符号化虽然比较乏味，但它是第一步，而且一定是。第一步符号化是下面这个简单的例子：$\frac{a}{b}$ 小于 $\frac{c}{d}$ 表示为 $\frac{a}{b} < \frac{c}{d}$。

接下来是两部分的规定或定义。我们在高中时期就熟悉这两个部分，它们都可以从定义转换成定理，而且也都遵循年代久远但可靠的交叉乘积恒等式：若 $\frac{a}{b} = \frac{c}{d}$，则 $ad=bc$。前面章节讨论过关于这一点的证明，但现在先假定这一点不需证明即可成立。这也是最省事的办法。

第一部分是"反之亦然"中的"反之"：若分数 $\frac{a}{b}$ 小于另一分数 $\frac{c}{d}$，则两数的交叉乘积 ad 和 bc 遵循下面的不等式：

$$若 \frac{a}{b} < \frac{c}{d}，则 ad<bc$$

第二部分是"亦然"：若 ad 两数的积小于 bc 两数的积，则分数 $\frac{a}{b}$ 小于分数 $\frac{c}{d}$：

$$若 ad<bc，则 \frac{a}{b} < \frac{c}{d}$$

虽然它们的表现方式缺乏戏剧性（我们数学家都是这样），但这些定义所产生的效果却非常戏剧性，因为它们运用常见的乘积来简化分数。请继续看下去。

宣称：任两个分数之间，一定有第三个分数。若分数 $\dfrac{a}{b}$ 小于分数 $\dfrac{c}{d}$，两数之间一定存在某分数 F：

$$若\ \frac{a}{b} < \frac{c}{d}，则\ \frac{a}{b} < F < \frac{c}{d}$$

这个论证就建构而言已经成立。若 F 是我们需要的分数，求出它的方式如下。

假设分数 $\dfrac{a}{b}$ 和 $\dfrac{c}{d}$ 不相等，且 $\dfrac{a}{b}$ 小于 $\dfrac{c}{d}$。

假设？若两分数**相等**，我们究竟为什么要浪费时间在它们身上？它们之间不可能有任何东西。若 $\dfrac{c}{d}$ 小于 $\dfrac{a}{b}$，那么会有什么影响？

所以

$$\frac{a}{b} < \frac{c}{d}$$

根据原来"反之亦然"中的"反之"，可得

$$ad < bc$$

注意，现在 F 出现了：

选一个数 m——任一数——再将 $ad < bc$ 的两边乘上 m：

$$mad < mbc$$

两边现在加上 ba：

$$ba + mad < ba + mbc$$

你可以这么做吗？

有何不可？

再将 $ba + mad$ 变成

$$ab + mad$$

运用交换律，将 ba 反转。

接着将 $ab + mad$ 改成

$$a(b + md)$$

借由分配律，将括号内部的项移到外面。

再进行一次由内到外，使 $ba + mbc$ 变成

$$b(a + mc)$$

交换律和分配律现在发挥了过程定律常有的功能，这也是文明本身的工作。

所以

$$a(b + md) < b(a + mc)$$

但原来"反之亦然"中的"亦然"表示，若 $a(b + md) <$ $b(a + mc)$，则

$$\frac{a}{b} < b + \frac{md}{a} + mc$$

其实 $a(b + md) < b(a + mc)$ 就和 $ad < bc$ 一样，只是多加了个小东西。

这表示分数 $b + \dfrac{md}{a} + mc$ 是 F，而 F 大于分数 $\dfrac{a}{b}$。

还漏掉了什么吗？ 没有，其实没有。朝"亦然"方向进行的相同论证恰显示，F 也小于 $\dfrac{c}{d}$。

它比第一个大、比第二个小，介于两者之间。

　　而且它的确如此。借由一连串超基础代数运作，只使用乘法和除法，便能巧妙地呈现两个原来的数之间，存在一个新的数。这种符号操作的成果丰硕，分数的数量以惊人的速度不断倍增。

对　　　抗　　　全　　　世　　　界

　　在《旧地重游》中有一幕，因酗酒而浑浑噩噩的塞巴斯蒂安（Sebastian）得到查尔斯（Charles Ryder）的支持，有段时间两人曾共同对抗全世界，查尔斯的说法是"*contra mundum*"。这个说法反映出隐隐浮现在两个青涩少年心中的分裂和差异感。

　　整数的精巧之处事实上绝不会激起这种感觉。无论负数多么奇怪，整数系统都会和善地与实体世界（以及科学世界）共存。

　　实体世界和数学世界共通的特殊情况，类似于某种泼洒作用，因为分数的存在而首次受损。数学家发现自己在"对抗全世界"，世上其他人都没有兴趣探讨**他**能控制的物件。

　　$\frac{1}{2}$ 大于 0，但小于 1。若它是 0 本身，我们每一个人什么都无法拥有；而若它是 1，则我们每一个人拥有的将是自己合理期望的两倍。

　　如果把一条面包切成两半，会形成一个介于 0 与 1 之间的数；再切一次面包，应该会形成另一个数，这个数大于 0，但小于 $\frac{1}{2}$。

的确如此。

这个切面包作业包含两个过程。面包师傅的工作是分割面包，但数学家的工作是使分数增多。

这两个过程分道扬镳的速度快得惊人。面包就像自然界其他所有事物，超过某个程度就无法再分割。即使面包师傅愿意尝试（为了协助科学研究），也只会弄得一团糟，到处是面包屑，而不是一片片面包。

不过面包师傅放弃之后，却留下让人为难的想法。这种想法还没有在"超基础数学"中出现过，即使在"超基础数学"中出现过，其他地方也没有。

一条面包就像任何实体物体一样，切割许多次之后就会消失，没办法继续切割下去。这个世界上或许隐含有这些分数存在，但并不包含这些分数。从一条面包的观点来看，0 与 1 之间的空间最多只有 12 片面包。从"超基础数学"的观点来看，0 与 1 之间的空间**量多丰富**。

在各个方面，数学宇宙都比实体宇宙更充实、更丰富。要让这两个宇宙和谐共存，不是实体世界必须扩增，就是数学世界必须缩减。

面包店的需求或许不可能使数学家变得傲慢自大，但面包师傅的问题在物理学中再度出现。

尽管数学家的数线很密集，但另一方面，物理学家采用的数线却不是。而事实上，物理学家很有把握地指出，在某个距离以下，可以不需要考虑密度。这个距离就是普朗克长度（Planck length）10^{-35}（米）。

最近一篇文章写道：

> 普朗克长度是重力与时空的古典概念失效、由量子效应接手主导的尺度。它是长度的量子，是有**意义**的最小长度度量。而它大约等于 1.6×10^{-35} 米，或约光子尺寸的 10^{-20} 倍。普朗克时间是光子以光速行进等于普朗克长度的距离所需的时间。它是时间的量子，是有**意义**的最小时间度量，等于 10^{-43} 秒。比它更短的时间分割都没有**意义**。

普朗克长度这几个字代表它是**绝对标准**：短于这个距离时，距离本身将不具意义。因此，对粒子物理学家来说，普朗克长度是**零点**。零的意思正如字面意义所示，代表"无"，一个空间区域就像欧氏几何的点一样，没有部分，没有固有范围。部分、范围、区域和距离都由此产生。

知道了这一点，再加上这些重要（但普遍提及）的主张，数学家（而且是任何数学家）一定会划下界线，告诉我们这样不对。我们可以这么说，在物质世界中，分割是有限的，而且有终结——物质世界遵循它本身的限制。但就数学世界而言，分数没有极限，分割也没有终结。

如果被问到普朗克长度的一半代表什么，粒子物理学家会怎么回答？

我想答案应该是"什么都不是"。

他还**可能**有其他答案吗？

25

加法、乘法和减法

在数学的生命中

一直是

强大的创造力。

数   体

    0 和负数之所以出现，**都**是为了满足对称的需求，它们使以往被视为恰当但感觉不够充分的数及系统变得完备。

    这种不够充分的感觉，最初可能源自商业理由；但当数学到达某个神秘的自觉阶段的时刻，面包师傅和簿记员都退出了。0 在记账（或做假账）的世界里是个占位符号，但它在数的世界中具有**首要**的身份地位。在数的世界里的众多角色中，0 似乎是这个数学问题的普世答案：无论数 x 是什么，$x-x$ 等于什么？

    克服最初的焦虑之后，数学家开始看见银行家永远看不到的东西：0 和负数 -1、-2、-3……存在，让方程式 $x+z=y$ 变得完整。

    如果说负数和 0 是为了减法服务，那么分数的主要用途就是在其他方面。但它们的功能其实是相同的。它们让基础运算变得完整。如同方程式 $x+z=y$ 可能没有正数解，方程式 $xy=z$ 也可能没有整数解。

    许多人认为这种情况难以忍受。有一个数的 3 倍等于 7，这样的数真的存在吗？如果存在，则方程式 $3x=7$ 一定有解。如果有解，则这个解显然不是 1、2、3、4……这些数，因为代入 3 之后的积太大，代入 2 又太小；而且正如 0 与 1 之间没有其他数一样，2 与 3 之间也没有其他数。

    2 里面有一个数接**近于**满足这个方程式，另外运用余数的概念，我们可以确定一切没问题。方程式 $3x=7$ 在 2 中有一个整数解，而在 1 中则有个跛脚的余数。

尽管这种方法是古代一项著名定理——欧几里得算法（Euclidean algorithm）——的主题，但后来出现的运算法和所有人理解的除法概念都不相同。

要进行除法，必须有除数，但如此一来事物便失去了平衡感，对于一元一次方程式 $xy=z$，我们心中存在有某种不安全感，为了使得"超基础数学"更完备，因而新生成了原本不存在的数，这些新生成的数重新建立了原本缺乏的对称感。

天　晓　得　是　什　么

在每一本数学书的结尾，推论会像推理小说一样自己形成。早已被忽略的线索逐渐浮现。看法成形。案情水落石出。

在此之前，环的概念呈现出整数 -3、-2、-1、0、1、2、3……等最重要的特质。整数在本质上是环，就如婚前协议书在法律上属于契约一样。环的一般性概念与整数独特而活跃的存在之间，总是不完全一致。从来不曾一致。婚前协议书是契约，但不是所有契约都是婚前协议书，而世界上也有些环与整数不尽相同。只有在相当特别的情况下，环与整数之间才会完全一致。无论一般来说环代表什么，整数的环一定包含正数，将事物划分成黑暗与光明，否则世界上就没有秩序。另外，整数的环必须容许消去，也就是具备去除公因子的功能，否则世界上就没有间接识别法。最后则是良序原理。良序原理非常有用，它让数学家能够指出一开始没有人怀疑的事，也就是 0 与 1 之间什么都没有。具有这些条件限制的环就像婚前协议书，其中第一条仍然是环（ring 亦有"戒指"之意。——译者注），第二条仍然是契约。不过它们也不一样。这样会造成某种名称上的混淆。这一点律师会做得比较好。婚前协议就是婚前协议，无论签还是不签，事情都到此为止。如果消去律在一个环中成立，这个环通常称为整数环，有时也称为整域。整数环分为黑暗与光明两部分，有序整数环或有序整域，满足良序原理的有序整域称为"天晓得是什么"。

这个其实不重要。

环让我们对整数有了鲜活（且深奥）感；就像在解剖课中一样，它们揭示出看似光滑的外表之下的复杂网络，由此揭露了自己的本质。我们就在这个网络中将数相加、相乘和相减。

不过在此之前，对于最普通的分数这个主题，环一向没有帮助，也没有用处。环代表整数的柏拉图形式，而整数本身是不够的。它们与经验不符，因此必须加以扩增，纳入分数。契约法中有非常类似的发展，将商业契约的概念扩大，含括各种断然**非**商业性的承诺。数学和法律相同，基础经验产生了冲突，因此出现分数和其他特定的承诺，而后再借由抽象结构进行整合，所以这个抽象结构必须被去除。

环的概念是——曾经改变过的，一定会再次改变。最简单的改变包括承认一个显而易见的事实，以及理解这个事实：分数确实存在。你要想办法证明这件事。这种表达明显必要事实的方式太粗糙，让人不太舒服。分数**当然**存在，而且它们之所以存在，是为了让除法存在。我们希望数学家更有礼地理解它们的本质，更细腻地了解它们**为什么**存在。

身　　份　　与　　反　　转

0 和 1 从一开始就在"超基础数学"中扮演特定角色。如果少了它们，很快就会引起我们的注意。

0 和 1 是自然数这座雄伟高塔的基础。0 标记底部，1 则带动高塔向上发展，每次增高一阶。但是 0 和 1 都对数系本身具有反弹作用。0 是单位元素，而且在加法中，它会将一个数变成数本身，例如 6 **加** 0 是 6。

但 1 也有这种功能，例如 6 **乘** 1 是 6。

0 和 1 对这两种运算而言是单位**元素**，但对我们来说只有简单的**身份**。

这个存在于"超基础数学"中的身份——引人注目的身份——引发一个问题。如果身份的作用是让数恢复原本的面貌，那么数的作用是不是让数恢复它们的身份？这个问题分成好几种状况。首先是加法。如果 6 加 0 是 6，有没有某数能使 6 加该数等于 0？

当然有：

6 加 -6 是 0。

不仅如此，对任一数 a，回归 0 必需的数都找得到，因为 $a+(-a)$ 是 0。

这样的数是相反数（additive inverse，亦称加法逆元）。相反数同样是数。每个整数都有一个相反数，这是重要的事实，但根据环的定义中的条件，它其实不令人惊讶。就整数是环来说，必然会承认减法存在的可能性。方程式 $x+y=z$ 有解，一定且永远会有。如果这个方程式有解，整数就有相反数。如果有人不确定 32 是否有相反数，设 $x+y=z$ 为 0，如此一来，$32+y=0$。可得，**有某数加上 32 成为 0，这个数是 -32，事实上，它就是 32 的相反数。**

现在有个显而易见的问题：倒数在哪里？

现在分数在基础数学中的角色定义，比日常生活需求赋予它们的任何定义更加鲜明。分数是倒数，也就是在乘法中可使任一整数回归为 1 的数。将分数写成倒数时，写法是 a^{-1}；将倒数写成分数时，写法是 $\dfrac{1}{a}$。

现在要对环的原始概念进行最后一项调整。消去律？有了。正整数？也有了。良序？我想应该有。接下来就是这个。对本身不是 0 的每一个数 a，存在一倒数 a^{-1}，使 $a \cdot a^{-1}$ 等于 1。符合这个要求的整数环（或整域）通常称为"场"（field），也经常称为除环（division ring）。

分数是最后一块拼图。有了场的概念之后，"超基础数学"的高拱已竣工。

没 有 其 他 东 西 需 要 证 明

我们已经从日常生活中的直觉和事实得到正数、0、负数以及分数。它们的存在没有争议。有一个非常精简的分析过程借助场的概念，形成复杂的一般性结构，有点像西班牙建筑师高迪（Antoni Gaudí）设计的大教堂，既雄伟又华丽。为什么不直接从长久以来的经验中取材，舍弃代数结构呢？

这个问题应该有个答案，而且因为无论有没有环、场或除此之外的其他东西，基础数学生活都不会受影响，所以这个答案更显重要。对我而言，答案是，基础数学整体结构的各部分和场一样，长久以来瓦解分散，需要有共同的焦点。借由优雅的假定及相对应的力量，将共同经验的闲聊转化成更严格、更值得尊敬的叙述。

从一般商业考量的观点来看，分数是一批不怎么简洁利落的物件。它们缺乏明确的身份，$\frac{1}{2}$ 现在写成 $\frac{1}{2}$，有时之后又变成 $\frac{3}{6}$。尽管我们小时候就学过它们的操作规则，但长大后从来没有仔细研究。分数乘分数时，只需要直接把它们相乘，分子乘分子，分母乘分母；但在相除时，必须将分子和分母颠倒，再把两者相乘。这种方式在实际运作时没有问题，但究竟为什么可以这么做？有人发现只需假定数有倒数，就可以完全解决这类问题。这个发现应可视为一种以小搏大的美学震撼。

举例来说，有一方程式 $ax=b$，以及满足这个方程式的数。设 x 是 $a^{-1}b$，这个方程式**一定**可解。a 的倒数是这个方程式的关键，它本身便足以确定未知数 x。3 的倒数是 $\frac{1}{3}$。但如果不是 10，3($\frac{1}{3}$) 乘 10 会是多少？

只需假定数有倒数，分数就成为附属身份。没有人提议取消它们，但它们作为物件的迫切性已经没有那么高了。

完全相同的假定也可用于说明分数相乘的规则。虽然古代就已经知道这些规则，但现在可以从场的定义**推导**得出。

是不是只有在整数 ad 和整数 bc 相同的情况下，分数 $\frac{a}{b}$ 和分数 $\frac{c}{d}$ 才会是一样的？这个问题一点也不微不足道，因为它要探讨的是分数的**身份**。当然，大家都知道分数 $\frac{1}{2}$ 和分数 $\frac{5}{10}$ 是一样的。但现在要探究的不是我们**是否**知道这一点，而是我们**如何**知道，这是完全不同的问题。毕竟要证明分数是稠密的，必须借助分数的身份，如果不能确定分数的共同身份有充分的根据，证明就无法成立。

需要演示的是这个叙述：

$$\text{若} \; \frac{a}{b} = \frac{c}{d} \; , \; \text{则} \; ad = bc$$

这完全是假言叙述，而为了从整体上演示这个叙述，可以假定其前项，并依据这个假定推导其后项。

所以假定

$$\frac{a}{b} = \frac{c}{d}$$

依据倒数的定义

$$\frac{a}{b} = ab^{-1}$$

且依据同样的定义

$$\frac{c}{d} = cd^{-1}$$

将四个项连在一起

$$\frac{a}{b} = \frac{c}{d} = ab^{-1} = cd^{-1}$$

这个恒等式以及结合律和交换律，形成了分数的内在本质。

第一个是

$$ad = a(b^{-1}b)d$$

因为依据定义，$b^{-1}b$ 是 1。

它还可能是什么？

第二个把 $a(b^{-1}b)d$ **改成** $(ab^{-1})bd$，使

$$ad = (ab^{-1})bd$$

这是怎么来的？ 将结合律套用在 $a(b^{-1}b)$，然后把括号移到左边，形成 $(ab^{-1})b$。

接下来借由恒等式 $\dfrac{a}{b} = \dfrac{c}{d} = ab^{-1} = cd^{-1}$，使 ab^{-1} 变成 cd^{-1}：

$$ad = cd^{-1}bd$$

停下来看一下。

依据交换律，$cd^{-1}(bd) = cd^{-1}(db)$，所以

$$ad = cd^{-1}(db)$$

现在移动括号，使 $cd^{-1}(db) = c(d^{-1}d)b$

$$ad = c(d^{-1}d)b$$

注意两数 $d^{-1}d$ 使两个数相互抵消，得出一个数 cb，再依据交换律得出 bc。

因此

$$ad = bc$$

完成了：符号魔术：魔术符号。

这个论证不需要有洞见，也不需要很好的头脑。它是机械化动作，是一种演练，将两数 a 与 d 的积改变成各种身份，让最后的身份成为两数 b 与 c 的积。

这个证明没有告诉我们新概念。它也没有这个打算。只有说明是新的。有一项分数的性质由场的定义推导出来，**除此之外就没有了**。

这就是新的概念。

分数的其他重要性质也能以相同的方式推导得出，在推导过程中，分数的自主部分消失，只剩下它们的"场"。

故　　　事　　　结　　　束

不过，"超基础数学"的故事没有结束，其实也没有开始。皮亚诺公理标记出一个地方，但它只是许多个地方之一，它本身只告诉我们，数学和"超基础数学"源自于人类心智中某个深不可测的面向。场的定义标记出另一个地方，但它也是许多个地方之一，它本身只告诉我们，数学和"超基础数学"需要人类心智投注所有力量，创造抽象概念，并且相信这些概念。

"超基础数学"和其他数学领域一样，是一种技艺工作。但它又和其他数学领域不同，是一项集体工作，时间绵延好几千年，结合商人、银行家、会计师和数学家的心血结晶，地点则从近在眼前到远在天边。对大多数人而言，这些伟大的数学深思冥想如此迫近我们身边，所以它散发的光芒也比其他数学概念更加耀眼。

结语

在随拿破仑征服埃及的回忆录中，罗维戈公爵（Duke of Rovigo）诉说了一个故事。这个故事是关于冲突、荣耀，以及提供给当时的人们作为参考的优雅道德准则，并借由此种方式将他们的人生具体展现为条理清楚的记述。

他的描述在奥斯曼帝国断断续续地激发了一波又一波的爱国风潮。1768 年，生于乔治亚的阿里（Ali Bey）起义成功，推翻奥斯曼帝国在埃及的统治。公爵叙述说，他是"富于人类感性又天资聪颖的人，（且）是埃及人唯一怀念不已的总督"。

尽管作为起义领袖取得权力，阿里成为国家统治者之后，逐渐失去影响力。1778 年，他遭到刺杀，权力随着生命一同告终。

暗杀者中包括他的政敌穆拉德（Mourad Bey）。公爵淡淡地将这次事件描述为"那些不入流的暴君经常遭遇的骚乱事件之一"。

不过，阿里遭刺的受益者还包括哈桑（Hassan Bey）。因为阿里封哈桑为"贝伊"（Bey），这个头衔让他得以拥有权力和特权。

一方渴望复仇，另一方则渴望逃脱。

哈桑是"一名令人畏惧的战士"（这描述同样出自公爵笔下），但最后在一次发生于开罗附近的战役中被穆拉德击败，"一直被敌军……紧追不舍"。

故事现在到达高潮。公爵叙述哈桑不敌对手，逃到后宫寻找躲藏之处，"向他最宠爱的妻子恳求藏身之所"。逃避敌军追捕时，可以放心地向妻子求援这种想法，在现代军事界已经不流行了。其他领域应该也不会这么想。但公爵语带赞扬地写道："在东方国家，殷勤款待的法则地位崇高。"

好几次惊心动魄的历险接踵而来，声名狼藉的哈桑逃出后宫，躲藏起来，逃避追捕，最后竟与穆拉德结盟。

这些记述是不是真的，我不知道，我猜公爵可能也不知道。

还有在后宫中的避难时刻——想必是些陈腔滥调，西方人眼中的东方国家，但这个故事仍然奇特又引人入胜。

这类故事通常都是些陈腔滥调。

凡莫尔（Jean-Baptiste van Mour）绘制画作《苏丹在后宫》（*Harem Scene with Sultan*）时，当然不可能想到罗维戈公爵的回忆录，因为他在埃及生活和工作时，拿破仑还没有征服埃及。然而，他知道东方，他在君士坦丁堡住过，不过他和另一位也自然地画后宫场景的艺术家杰洛姆（Jean-Léon Gérôme）不同的是，**他**曾进入奥斯曼帝国的宫廷和宫殿。

本书卷首的画作就是《苏丹在后宫》，描绘室内场景，概念来自荷兰，画风来自法国，画面简练优美。

这幅画描绘一个宽阔的长方形房间。远端墙边摆着矮沙发床，有花纹的地毯，地砖是正方形或长方形。这个房间完全符合它描绘的时代和地点，但严谨的几何线条和优雅的装饰，组合方式却十分现代。整幅画中只有三种形状：正方形、长方形，以及形形色色后宫女性和一个矮桌的圆柱形。但这些形状反映出某一种形状的三个面向，这种形状就是长方形平行六面体，连圆柱形也只是卷起来的长方形。不谈别的，凡莫尔这幅画的形式运用确实相当精简。

房间里有19位女性，都是瘦高身材，穿着奥斯曼风格的服装。中央两位女性似乎在演奏手持乐器。一位女性向后下腰，另一位面向她的女性戴着土耳其毡帽跳着舞。

房间右边有三位女性围在矮桌旁，其中一位正在侍候坐着的努比亚仆人，他可能是后宫的太监；另一位转头看着他们；还有一位正要移开桌上的大浅盘。

苏丹半靠着长方形的沙发，自在地坐着，因为画面比例而缩小了些，双膝不经意地张开。他穿着大红色的马裤。一位后宫女性正在服侍他。画中只有苏丹一位男性，他正在跟另一位坐着的女性谈话，这位女性看着**他**——这名战士首领自在地坐在后宫，就是**这个**后宫，我们将罗维戈公爵的回忆录与这幅画做对照，穿着红色马裤的就是哈桑，服侍他的则是穆拉德的妻子。

即使自在地坐在后宫，这位苏丹仍是格格不入的人物，一名混迹在女性当中的战士。这幅画——这件作品相当微妙——暗示但绝不明示这些场景打算引发的对比，一方是急切且完整的事物，另一方是复杂却细致的事物。在后宫中**烦乱**的苏丹，他的霸气软化在眼眸乌黑的女性、上好的食物、齐特琴声、丝质靠垫、温暖空气中的香水味、精致文化的艺术之中，但这些女性跟苏丹一样烦乱，因为他**是**苏丹，而**她们**是**他**的奴仆。她们的伟大艺术的存在目的是为了形成足以抗衡的力量，但这股力量无法由她们自行创造，而且在任何情况下都无法受到控制。

于是，苏丹与后宫女性之间存在着一种平衡，精致华美、纵横交错的房间呈现片刻的静谧。这一刻，自然生成与人为创造的两种事物，满足地彼此共存。

我写的这些都跟数学有关。

但是你早就知道了。希望真是如此。

谢词

非常感谢我的朋友沙尔科夫（Morris Salkoff）仔细阅读我的书，并提供许多宝贵的指正。

另外还要感谢我的编辑卡斯顿麦尔（Edward Kastenmeier）细心阅读我的著作，并提出许多珍贵的校正意见。

图书在版编目（CIP）数据

123 和＋－×÷的数学旅行：25 段抽丝剥茧的数学探索／（美）伯林斯基著；甘锡安译. —— 杭州：浙江大学出版社，2014.12

书名原文：One, Two, Three：Absolutely Elementary Mathematics

ISBN 978-7-308-14105-5

Ⅰ．①1… Ⅱ．①伯… ②甘… Ⅲ．①数学－普及读物 Ⅳ．①O1-49

中国版本图书馆 CIP 数据核字 (2014) 第 280776 号

123和＋－×÷的数学旅行：25段抽丝剥茧的数学探索

[美] 伯林斯基 著　甘锡安 译

责任编辑	杨苏晓
装帧设计	罗　洪
出版发行	浙江大学出版社
	（杭州天目山路 148 号　邮政编码 310007）
	（网址：http://www.zjupress.com）
排　　版	北京大观世纪文化传媒有限公司
印　　刷	北京中科印刷有限公司
开　　本	880mm×1230mm　1/32
印　　张	9.75
字　　数	183千
版 印 次	2014年12月第1版　2015年12月第2次印刷
书　　号	ISBN 978-7-308-14105-5
定　　价	38.00元